スマホ1台でバズり動画作ります!

著 たけち

TAKECHI'S "SHORT MOVIE" TIPS

Introduction 00 はじめに

What's? Short movie

「動画がうまい人って、
元々センスがあった人でしょ!?」
「動画を仕事にするには、
やっぱり高い機材がないと
無理だよね……」
「もうこんな年齢だから、
スマホ動画なんて難しい……」
なんて、思ってませんか?

▼

これ、全部間違ってます!

スマホ動画は「センスは全く必要ない！」

▼

「動画を仕事にするのに、
高い機材は必要ありません！スマホがあればOK！」
「60代でも70代の方でも、
びっくりするような
素敵なスマホ動画は撮れます！」

ということは……

▼

動画のセンスゼロ、
スマホ苦手のあなたでも、
見た人を世界観に引き込むような、
あまりの感動に涙するような
そんな動画が撮れるということです。

▼

その差を分けるのは……
「知識があるかないか」だけ。
ただ、それだけ！

何を隠そう、僕だってスマホ動画を始めたのは4年前。
新卒で入社した就活イベント会社から独立して、1年後。ガンガン仕事するぞ！というタイミングでコロナ禍に突入。
当時のイベント関連の仕事がきれいさっぱりすべてなくなり、仕事が全部白紙状態になったことがきっかけでした。
仕事がすべてなくなり、収入もゼロ。
そんな状態に震えながら、「自分は何がしたいのか」を自問自答しているときに、たまたまInstagramで見た海外クリエイターのスマホ動画に衝撃を受けて
「僕もこんな動画作ってみたい！」と思ったことが始まりでした。

もちろん知識もゼロで、周りに詳しい知り合いもいなくて血迷って 100万円ほどかけて機材を買ってみたけれど、使い方なんて全然わからない……（この機材はなんの役に立つこともなく、現在も埃を被ったままです。笑）

そこで僕は、スマホ動画のジャンルで活躍しているクリエイターたちの動画をひたすら見て、InstagramやYouTubeで撮影を解説している動画を見続け、下手なりに撮影と編集を繰り返し、自分の学んだことや、思ったこと、感じたことなどを自分のアカウントでアウトプットするということを繰り返しました。

すると、3ヶ月でTikTokのフォロワーが30万人に！
ここからが、僕のスマホ動画クリエイターとしてのスタートでした。

本書には、僕が4年間、独学で試行錯誤してきたノウハウやポイントを、惜しみなく書いているのでこの本の内容を読んだまま一緒に実践してもらうだけで、時間と手間を短縮して、スマホ動画がぐんと上達できるようになっています。
4年前の僕と同じように知識ゼロの初心者の方にはもちろん、すでに動画クリエイターとして活動している人にも、基本に立ち返ったり、ステップアップするのに参考になるように構成しています。

スマホ動画が上達した先には、こんな未来が待っています。
●思い出をキレイに残すことができて、人に喜んでもらえる
●SNSでバズる
●海外の高級リゾートホテルに招待される
●スマホ1台さえあれば、旅しながらも仕事ができて、時間や場所に縛られない働き方ができる。
●集客や採用を目指す企業から、高単価で仕事を依頼される
●イベントやセミナーで動画講師として依頼される

こんな夢をあなたも叶えられるはず！
必要なのは、知識と行動だけ！

迷った時、壁に当たった時には、是非何度も読み返してみて下さい。
あなたがスマホで夢を叶えるのを全力で応援しています。

スマホで広がる世界へ、ようこそ。

What's? Takechi

経歴

2018.03	金沢工業大学環境建築学部・建築学科卒業
2018.04	新卒で就活イベント会社へ入社(10ヶ月)
2019.01	独立して人材支援事業開始
2019.03	Webコンサルティング事業開始
2020.04	SNS・カメラ開始
2020.09	SNS フォロワー30万人達成!
2020.10	SNSマーケティング事業開始

独立して1年……
・イベントが全部なくなる……
・webの予算が減り仕事がなくなる……
・収入がない……

スマホ動画を始めて3ヶ月でフォロワー30万人!
僕こそがスマホ動画で人生が大きく変わりました!

人生が変わる、スマホ動画の世界へ!

Introduction 01 | あなたのスマホ動画の "きっかけ" を教えてください！

僕の周りの方々のスマホ動画を始めたきっかけは十人十色。そんなみなさんの "きっかけ" を集めてみました。"自分もやってみよう" って思う "きっかけ" になれたら嬉しいです。

User's Voice

動画を始めた理由
昔から旅するのが好きで、友達や家族と思い出として楽しい瞬間を残したいという気持ちで始めました。

動画始めて変わったこと
動画をSNSにあげるようになってから、SNSを見ている友人や、知り合いから「色んな動画見てきたけど今まで見た事ない動画でびっくりした」などお声を頂いたり、中には「今度自分たちのも撮って欲しい」とお仕事依頼のお声を頂くようになったりと人生が変わるようになりました！

User's Voice

動画を始めた理由
私が動画を始めるきっかけは、2年前のある旅行案件です。韓国観光局から招待を受けて、InstagramPR投稿をする為に、クリエイターやインスタグラマー120人が済州島に一斉に旅する、という企画でした。私は、もともと写真中心で投稿するインスタグラマーだったのですが、たけちさんの動画投稿は、同じ土地に行ったとは思えない驚きに満ちた動画でした。

動画始めて変わったこと
動画を始めてから、旅の思い出がより鮮やかになり、世界が広がりました。見た方の感情までも動かせるのが動画の魅力だと痛感しています。
知識ゼロのアラフィフでも、知識を学び、練習して、フィードバックをもらいながら続けていれば動画は上達します。

User's Voice

動画を始めた理由
インスタでカフェを検索している時に、たけちさんの動画を見て、「えっ、これスマホで撮ってるの！？」と衝撃を受けました。「自分も撮ってみたい」と思い、すぐに動画を始めました。

動画始めて変わったこと
48歳で会社を辞めて、動画を本業にしました！昼間は営業DMをして、相互無償で様々なジャンル・業種の動画を、43本撮影しました。今ではマネタイズでき、仕事にできています。撮影・編集だけでなく、企業にレッスンをしたり、AIにチャレンジしたり、人生が変わりました！

User's Voice

動画を始めたキッカケ
SNSさえも未経験でしたが、たけちさんの動画を見た事がきっかけでした。それから少しずつ地元のカフェやグルメ、温泉、ホテルの投稿をするようになりました。

動画始めて変わったこと
Instagramのフォロワーは200人ほどなのに、都道府県のアンバサダーに選ばれたりしてびっくり！ フォロワーが700人程の現在は、温泉旅館やホテルからPR依頼があったりと、世界が広がっています。

User's Voice

動画を始めたキッカケ
SNSでたけちさんの旅動画を見たのがきっかけで、そこから半年程ずっと投稿を拝見していました。自分は旅が好きなので、一眼カメラで撮って楽しんでいましたが、たけちさんの動画はまるで魔法のよう様で驚きに満ちたものでした。旅の思い出を、写真だけでなく、動画で残したいと思うようになり始めました。

動画始めて変わったこと
今までの生活が一変しました！ 動画という共通の興味を持つ仲間ができ、年齢や住んでる地域を超えた交流が楽しくて、毎週撮影会に出かけるようになりました。今では、自分で撮った動画を友達や知り合いに送ると、ビックリしてもらえます。それどころか、学んでたった3ヶ月で、ホテルやクルーズ会社の動画撮影のお仕事をいただけることができました！

User's Voice

動画を始めたキッカケ
すごく単純な動機なのですが、SNSに動画を投稿したときに見てる人に「素敵ですね！」って言われたいって気持ちがきっかけでした。「人を惹きつける動画が作れるようになったらいいな！」と思って始めました。

動画始めて変わったこと
動画の勉強をするようになってからは、1日、1週間、1ヶ月間のスケジュールに無駄がなくなりました！ 私は、仕事(国内、海外)、親の介護、自分の持病の治療、そして主婦なので家事などをこなしながら、大変忙しくしています。「そこに動画の撮影、編集の時間を入れられるか？」と思っていましたが、入れられてます(笑)。「時間を有効活用！」の考えが身に付いてきました！ これは、動画の勉強が終わったとしても生きている限り、きっとこれからも役に立つと思っています。

User's Voice

動画を始めたキッカケ
カメラはずっとやってましたが、動画はどう撮ったらいいのかよく分からないな、と思っていた時に、たまたまSNS投稿を見たことがきっかけでした。

動画始めて変わったこと
実際の撮影のお仕事をいただく中で、県内の人との繋がりがどんどん広がっていき、次から次へとご紹介いただいて、感謝でいっぱいです！

User's Voice

動画を始めた理由
SNSを始めた当初は、綺麗な写真を撮って残しておきたいという備忘録でした。しかし今やリール投稿が重要視されるようになり、映像業界に携わる人間としても、常に流行を知っておかないとダメなんだと強く思ったことが、スマホ動画の面白さに気づき、夢中になったきっかけです。

動画始めて変わったこと
Instagramを始めてから、私もいつか「ホテルから招待されたり旅に行ってみたい」という夢を持っていましたが、それが叶いました！ 動画との出会いは、そんな私のささやかな夢が実現するきっかけになったと思います。

User's Voice

動画を始めたキッカケ
動画を始めたきっかけは、自分がハワイ在住なので、ハワイの魅力をもっと多くの人に伝えたいという思いからです。ハワイの美しい風景、文化、そしてローカルなお店など、写真では伝えきれない部分を動画で表現することで、人々によりリアルな体験を届けたいと思い、動画を始めました。

動画始めて変わったこと
動画を始めたことで、SNSを通じて多くのフォロワーさんとつながり、新しいコミュニティを作ることができました。また、ハワイのローカルビジネスとの関係も深まり、PR動画の依頼を受ける機会が増えたことで、さらに多くの人にハワイの魅力を発信できるようになりました。

User's Voice

動画を始めた理由
父が亡くなって、心が折れそうだったときに、たけちさんの動画に出会ったんです。凄く素敵な動画で……！ まだ、振り返ることはできないけど、もう少し時間が経ったら、父の動画を作って母にプレゼントすることが私の夢です。

スマホ動画でこんなに人生が変わったなんて感激！

Introduction 02 | Index

はじめに ―――― P2

あなたのスマホ動画の
〝きっかけ〟を教えてください！ ―――― P6

本書の使い方 ―――― P14

Chapter 01
スマホ動画を始めてみようと思ったら ―――― P17

- Mind 01　スマホ動画の無限の可能性 ―――― P18
- Mind 02　スマホだからこそ撮れる映像 ―――― P20
- Mind 03　自分のスタンスについて考えてみる ―――― P22
- Mind 04　最初から上手な人はいない
　　　　　動画が上手くなる5ステップ ―――― P24
- Mind 05　センスを磨くためのコツは、
　　　　　とにかく見ること、真似ること！ ―――― P26
- Mind 06　上手な動画クリエイターを見つける ―――― P28

　　　　　コラム ―――― P30

Chapter 02
バズり動画を撮るための撮影基礎知識 —— P31

Set up **01** カメラ設定：4K60fps・HDR —— P32

Set up **02** グリッド線をつける・AE/AFロック —— P33

Set up **03** カメラ設定：3つの撮影モード —— P34

Lesson **01** 撮影準備の基礎知識 —— P35

Lesson **02** 動画をどう撮るか構成を考える —— P36

Lesson **03** 撮影要素の順番 黄金ルールを覚えよう —— P38

Lesson **04** みんながやりがちな失敗に 気をつけよう —— P40

Lesson **05** ストーリー性を生み出すために —— P41
必要なカットを知っておく

Lesson **06** ストーリー性を高めるための撮影方法 —— P42

Lesson **07** 圧倒的な差が出る背景の選び方 —— P44

Lesson **08** 時間帯で変わる光の影響力 —— P45

Lesson **09** 太陽の光の向きについて —— P46

Lesson **10** 構図を知ろう —— P48

Lesson **11** 4つのカメラワーク —— P52

Lesson **12** トランジションの極意 —— P54

Lesson **13** たけち的 トランジションテクニック！ —— P55

Chapter 02
設定から撮影の基礎知識おさらい ――― P59

- Lesson 14　女性を可愛く撮る方法 ――― P60
- Lesson 15　人物撮影で絶対にやってはいけない5つのこと ――― P61
- Lesson 16　動画の天敵！手ブレをなくすための5つのコツ ――― P63
- Lesson 17　動画の倍率を決める5つの要素 ――― P64

対談　たけち× ――― P66
コミュニティマネージャー加納裕也

Chapter 03
バズり動画を作るための動画編集知識 ――― P69

- Edit 01　動画編集の6ステップ ――― P70
- Edit 02　基本のCapCut ――― P71
- Edit 03　「CapCut」を触ってみよう！ ――― P72
- Edit 04　「CapCut」の編集画面の役割を覚えよう ――― P73
- Edit 05　いらないシーンをカットする ――― P75
- Edit 06　「CapCut」既存のトランジション ――― P77
- Edit 07　動画の速度を調整する ――― P78
- Edit 08　テロップを動画に入れてみる ――― P80
- Edit 09　BGMを入れてみよう ――― P83
- Edit 10　再生回数を上げるBGMの選び方 ――― P85
- Edit 11　動画にアフレコを入れる ――― P88
- Edit 12　たけち的色補正 ――― P89

Chapter 03

- *Edit* **13**　特殊な編集：オーバーレイ ──── P90
- *Edit* **14**　特殊な編集：スタンプ ──── P91
- *Edit* **15**　特殊な編集：クロマキー ──── P92
- *Edit* **16**　特殊な編集：マスク ──── P94
- *Edit* **17**　作った動画を書き出してみよう ──── P97
- *Edit* **18**　できた動画に違和感を感じたとき ──── P102
- *Edit* **19**　動画も盛る時代！ ──── P103
- *Edit* **20**　動画の尺とカット数について4つの考え方 ──── P106
- *Edit* **21**　たけち的ジャンル別鉄板撮影・編集テク ──── P107

対談　たけち×
旅系動画クリエイターMaru ──── P113

Chapter 04
スマホ動画を仕事にしてみようと思ったら ―― P117

対談 やまもとりゅうけん×たけち ―― P118

job 01 スマホ動画でお仕事を頂くまでの6ステップ ―― P124

job 02 動画制作ができると受けられる仕事を知ろう ―― P128

job 03 「目指せ！ 月収100万円」までのステップ ―― P131

job 04 案件獲得のために大事な4つのこと ―― P133

job 05 たけち的SNS戦略4つのステップ ―― P134

job 06 より稼いでいくためにディレクターになろう ―― P137

job 07 クライアントと関わるときの心得 ―― P139

job 08 案件が取れたらあなたがやるべき4つのこと ―― P143

job 09 案件受注から納品までの進行管理 ―― P145

job 10 クライアントと関わるときのマナー ―― P148

job 11 たけち的クライアントワーク例 ―― P150

営業メール文例 ―― P154
お礼メール文例 ―― P155
請求書送付メール文例 ―― P157
あとがき ―― P158

Introduction 03 | 本書の使い方

Point
各ページでお伝えしたいことを一覧にしています。僕自身が長い文章を読むことが得意ではないので、一目でポイントがわかるようにしています。

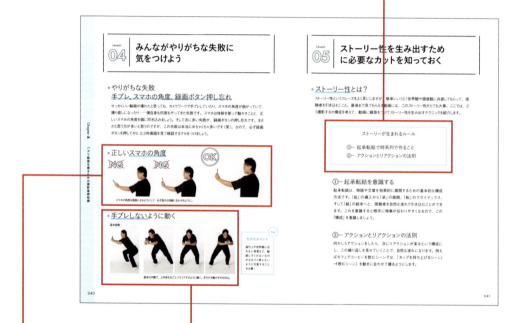

Point
撮影のコツ
「撮影が8割」の僕の動画の撮影テクニックを紹介！

Point
撮影が上手くいけば、もうほとんど完成のようなもの！撮影が上手くいけばいくほど、編集は簡単！

僕が必ず気をつけているPOINTをお伝えします！

Point

編集アプリの編集画面そのままに解説。自分のアプリで実際に編集してみながら一緒に進めていきましょう。

実践あるのみ！動画素材をダウンロードして、一緒に編集してみましょう！

Point

実際に同じ動画素材をダウンロードすることができるので、よりわかりやすく編集できます！ 本を読み進めていくと、一本の動画ができるように構成しているので、出来上がった動画を投稿してみてください♪

Introduction 04 | 動画編集用の練習素材

下記のQRコード（URL）を読み込むと、本書で使用している動画素材をダウンロードすることができます。Chapter3の動画編集で、ぜひ一緒に使って練習してみてください。

Chapter3の動画編集で使ってみてね！

https://books.mdn.co.jp/down/3224403021/

注意事項

本特典のご利用は、本書をご購入いただいた方に限定します。
配布する動画素材は、本書を利用して動画編集を練習する目的においてのみ使用することができます。
・動画素材は無料でダウンロード可能ですが、ダウンロード時に発生します通信費はお客様のご負担となります。パケット無制限プランや、Wi-Fi環境下でのご利用をおすすめします。
・お持ちのスマートフォン端末の種類や機種によってはご利用できない場合もありますので、あらかじめご了承ください。
・動画素材の使い方、および対応端末に関するご質問については、スマートフォン端末の取扱説明書をご確認いただくか、各メーカーにお問い合わせください。
・動画素材のご利用によって発生したお客様のいかなる不利益も一切の責任を負いかねますので、あらかじめご了承ください。
・有償・無償に関わらず、動画素材を配布する行為や、インターネット上にアップロードする行為、販売行為は禁止します。

ハッシュタグ「#たけちのバズリ」で練習した動画を投稿してみてね！「いいね」を押しにいくかも!?

本書で紹介している「CapCut」は初心者の方が使いやすくて便利なのですが、商用利用はNGです（2024年12月現在）。もしスマホ動画が楽しくなって、お仕事として使うようになったら、商用利用可能な動画編集アプリをお使いください。ちなみに僕は「Final Cut Pro」を使っています。使い方や編集のコツなどは基本的に一緒なので、本書で練習したことを活かしてください！

スマホ1台でバズリ動画作ります！

Chapter

スマホ動画を始めてみようと思ったら

ここでは、「スマホ動画を始めてみようかな」と思ったら知っておいて欲しいことを解説します。スマホ動画の可能性や取り巻く環境、SNSの普及、そしてスマホでしか撮影できない動画、そしてスマホ動画を作ってみたい、上手くなりたいと思う人には絶対知っておいて欲しい考え方や、僕が実践していることなどもお伝えします。

Mind

01

スマホ動画の無限の可能性

❶

動画だからこそ伝わる情報

動画は、写真や文字よりも多くの情報を伝えられると言われていて、写真の7倍、文字の5,000倍も情報を届ける力があるそうです。人は情報を受け取るとき、見た目の情報（視覚）から55％、音（聴覚）から38％、言葉そのものからは7％の影響を受けるとされており（メラビアンの法則）、ほとんどを「視覚」と「聴覚」で感じ取っています。ですので、映像と音の両方で伝えられる動画には、大きな強みがあります。実際、僕の投稿でSNSに写真と動画を投稿すると、動画のほうが多くの人に見られていて、反応も良くなることが多いです！このように動画のほうが情報量を多く、しっかり伝えられるので、ぜひ本書をきっかけに動画にチャレンジしてもらいたいです。

❷

スマホ市場の拡大

今の若者たちはデジタルネイティブと呼ばれ、生まれたときからスマホやパソコンを使っている世代でメインユーザーです。しかし、昨今高齢者もスマホを使用する方が増えてきていて、SNSの閲覧はもちろん、人気アカウントを作ったり、運用していたりと、今や若い世代だけのものではなくなっているのです。また、現在スマホ市場の拡大に伴いYouTubeやTikTokなどの動画プラットフォームの成長は、類を見ない勢いで加速していきました。

❸ 縦型ショートムービーという新しい選択

TikTokは今までなかった縦型の動画＋レコメンドという新しい形で、視聴者の心を惹きつけています。TikTokを見ていたら、気づくとびっくりするくらいの時間が経っていたという経験は誰にでもあると思います。その時間を忘れてしまうほどの仕掛けがあるのが、スマホ動画の力なのです。

❹ ショートムービーがトレンド データで見るTikTok

例えば TikTok for Business によると、広告認知率は横型動画と比べると、縦型動画のほうが平均45％も高かったというデータが出ています。また、購買意欲は、平均21％も高かったというデータも。もう一点驚きなのが、縦動画での投稿は横動画に比べ、約9倍の視聴完了率があることです。この比率が高くなるほど、伝えたい情報を全て見てくれる人が多くなると解釈できるのです。

❺ インスタ映え→動画映え

今までは「綺麗な写真が主流のインスタ映え」が重要視されてきましたが、今はより情報が伝わりやすい「動画映え」というものが主流になりつつあります。この「動画映え」の裏にあるのが「おすすめ機能」です。 YouTube のおすすめ欄のようなもので、AI がその人がいつも見る動画に関連する動画を勝手におすすめしてくれる機能です。この「おすすめ機能」によって、私たちはわざわざ検索しなくても、好きな動画を見ることができるようになりました。「おすすめ機能」により、これからはハッシュタグなどの検索よりも、「どうやって視聴者のレコメンドに乗り見てもらえるか」が重要な鍵となります。そこで大事になってくるのが「最初の1秒」です。TikTok をいつも見ている人はわかると思うんですが、おすすめに出てきたけど見ない動画って、1秒ぐらいでスクロールしていませんか？ これからは、この特性を理解して、「どうやったら最初の1秒で惹きつけられるか」を考えて動画を制作する必要があるのです。

Mind
02

スマホだからこそ撮れる映像

❶ 機能がどんどん進化しているので、
撮影できる動画が無限に広がる

機能の進化が著しいスマホ。その機能を活かせば、普通のカメラではできないような撮影ができるのです。例えば、耐水機能があり、小型で軽量、そして衝撃にも強いので、カメラを空に投げるユニークな撮影なんかも可能。また、iPhone11から対応の超広角機能によって広めの撮影ができたり（画面の外側が通常より歪む、ノイズが入りやすくなる、超広角が使えない機種もあるので注意）、スローモーション、タイムラプスなど多様な機能によって、今までのカメラでは撮れなかった変化のある動画が簡単に撮れるようになったりしています。

> **Point**
> **たけちポイント**
>
> 物干し竿の先にスマホをくくりつけて撮影したことがあります！下から上に移動するドローンのような動画を撮ったら、この動画がカンボジアでバズり、なんとフォロワーが30万人増加！

❷ 一眼レフカメラでは難しい場所や面白いアングルでの撮影ができる

「こんな視点から撮れるの!?」というなんとも興味をそそる動画が撮影できたり、いつもの視点じゃないアングルでしか見えないものが撮影できたりするのがスマホで撮影する動画の醍醐味でもあります。角度が変わるだけで、本当に迫力が全然違ってくるのです。

○ スマホ × 小道具

紙袋の底を切り、そこからiPhoneを差し込んで撮影すると、紙袋に包まれた視点が表現でき、まるで袋の中にいるような世界観を作れます。スマホと小道具を組み合わせることで、その小道具の内部から見た独特な視点を演出することが可能です。

○ スマホ × スーツケース

旅行先での動画を撮影する際に、スーツケースの内部にスマホを置いて撮影するという面白い方法です。スーツケースを開ける瞬間の映像や、スーツケースの中から周囲を見渡すような映像は、視聴者に新鮮な驚きを与え、旅の始まりイメージさせることができます。

○ スマホ × サッカー

スマホを使ってサッカーを撮影する際、スマホのカメラを地面ギリギリに下げて選手の後ろから追う方法があります。この低い視点から撮ると、選手の迫力とスピード感が増します。特に選手の足元の動きやピッチのディテールが鮮明に映るため、迫力のある映像になります。

Mind 03
自分のスタンスについて考えてみる

❶ まずは趣味でやるかプロでやるかを決める

趣味は基本的に自分の好きなことができ、特に納期もなく、誰かに価値提供をしていく必要もなく、ひたすら「自分の好き」を追求できることが醍醐味です。僕のオンラインサロンの生徒でも、自分の趣味である海外旅行の記録を素敵な動画で残したいという方、子どもの成長記録を動画で撮影したいという方もいらっしゃいます。定年後の夫婦の趣味として楽しんでいらっしゃる方も。

しかし、趣味となると、もちろん報酬は基本的に発生しません。

本書をお読みになっている方の中で、報酬をもらってきっちりやっていきたい人は最初からプロを目指すことをおすすめしますし、報酬をもらうより、自分の好きなことをとことん突き詰めたいという人は趣味の道を進みましょう。

これは報酬をもらうことが正解ではなく、人それぞれなので、自分でどこをゴールにするかを決めることで、時間を無駄にせず最短ルートで動画を学ぶことができます。

❷ 趣味とプロの違い

趣味とプロの違いは、報酬として1円でも受け取っているかいないかであり、1円でも受け取っていればプロとして仕事をする必要があります。報酬を受け取っているからには、報酬に見合うか、それ以上の満足度をクライアントに提供する責任があります。

例えば、プロが動画を撮る場合であれば、事前にクライアントからヒアリングをします。

・動画使用用途の打ち合わせ
・掲載媒体に合ったカットの打ち合わせ
・撮影場所のリサーチと下見、決定
・撮影スケジュール作成　などなど

そして、もし人を撮る撮影だったら、
●ヘアメイクの雰囲気のヒアリング
●モデル探し、オーディション
●衣装　などなど

あくまでほんの一例ですが、パッと思いつくだけでもこんなにたくさんのタスクが存在します。
「うわー……、プロになるって大変なんだな……」って思った、そこのあなた！ 本書では、動画の撮影・編集の仕方だけではなく、プロとして必要なクライアントとの関わり方や、案件の取り方、仕事の進め方なども全て網羅してお伝えします！ 読むだけでプロのお仕事もできるようになるように構成していますので、安心してください！

❸ 最初からプロの人は誰もいない

もちろん僕も他のプロの人も、最初からプロになれたわけではありません。みんな同じように0からスタートしています。初めの頃はクライアントに満足してもらえなかったり、失礼なこともしてしまいました。「行動・学び」を繰り返して、徐々にプロに近づいていきました。やればやるほど失敗も成功も増えますが、とにかく行動をしないと失敗も成功もしないと肝に銘じて、失敗を怖がらないようにしましょう。思い返すと、失敗をしてしまった経験が後々の成長に大きく繋がっていたなと思います。なのでとにかく行動をして、そこから多くの失敗して学んでいきましょう！

たけちポイント

僕は憧れのクリエイターの影響で撮影を始め、SNSで発信していく中で価値を認めてもらい、少しずつ収益を得られるようになりました。初めていただいたお仕事は、飲食店のショート動画撮影で、ギャラは2万円。初めて自分の動画がお金になった瞬間の嬉しさは今でも覚えています。

Mind
04

最初から上手な人はいない 動画が上手くなる5ステップ

❶ **とにかくクリエイティブに触れて分析する**

映画、テレビ、CM、広告、webサイトなど、色々なクリエイティブに触れ、良いなと思ったものをとにかく保存することが大事です。そして、良いなと思った動画のトランジションやカメラワークを分解した上で分析しましょう。そうすることで、どうすれば自分で撮影できるようになるかを考えるクセがつくようになります。

❷ **とにかく真似して実践する**

せっかく分析するクセがついても、分析するだけでは評論家で終わってしまいます。ちょっと難しいかも……と思っても、失敗して当たり前の気持ちで、とにかく見よう見まねで動画を作ってみましょう。案ずるより産むが易し！例えば、グリーンバックを使った一見難しそうに見える動画でも、やってみたら意外と簡単！となることもあるので、とにかく面倒がらずにとにかくやってみること！

❸ 完成したものを SNSなどの公の場に出す

作って満足しちゃう気持ちもわかるのですが、フィードバックを受けないと上手くならないのが動画なんです。自分で作って、自分で見ただけだと「なかなかいい出来♪」って思って満足して終わりになってしまいます。でも、誰かの目に触れることでコメントやダメ出しをもらって、角度、被写体の目線や、自分では気づけなかった動画のダメな部分を見つけましょう。これが上手くなる近道です。

❹ 基本的に 最新のスマホを使用する

最新のスマホは、もはや一眼レフカメラと変わらないレベルになってきていて、例えばiPhoneのシネマティックモードは、背景を一眼レフカメラと同じようにぼかすことができます。道具の性能が良ければ、手間が減ります。最新のものであれば手ブレも機能で補えることも。もし最新のiPhoneを買うのが難しい場合は、なるべく1～2世代前までの機種を使うようにしましょう！

❺ とにかく毎日触れること！

まずは手に馴染ませることが何より大事なので、毎日アプリを使って何かしらの編集をすることをおすすめします。動画編集アプリのCapCutのチュートリアル（解説動画）を、SNSを通じて1日1本見るだけでも上達の度合いは全然違います。とにかく毎日触れることを心がけましょう！

Mind
05

センスを磨くためのコツは、とにかく見ること、真似ること！

❶ まずはこれからやってみて！ 完コピ（完全コピー）

「完コピ」とは、見た動画を、そのまま全く同じ動画になるように構成や撮影・編集方法を真似することです。最初のうちは、ひたすらこの「完コピ」で感覚を掴んでいくことがおすすめ。例えば、ものを使ったトランジション（P54）などを「完コピ」して真似するのは結構良い練習になりますし、撮りたい画角は、どうやると撮影できるのかなどの感覚が掴めます。最初はどう撮影するか、どう編集するかで迷ってしまって、なかなか一歩が踏み出せないことが多いので、まずは気になる動画や、いいなと思った動画の「完コピ」から始めてみてください。

❷ 自分なりのアレンジを加えて表現する ミーム

「ミーム」とは、流行っている動画にアレンジを加えて模倣していくことです。こちらも誰でも簡単に真似しやすくて、実際にSNSを見ていても真似をしている人が多い方法です。参考にする流行っている動画作品に、自分なりの表現を足したり、言葉を書き換えたり、ジョークなどを付け加えたりと模倣が繰り返されて、どんどん拡散されることが特徴です。自分なりのアレンジが難しい場合は、他の動画の要素をそのまま加えてみるのもOK。完コピに慣れてきたらこちらにも挑戦してみて！

❸ 海外の流行を日本で表現する
ローカライズ

「ローカライズ」とは、海外で流行っている手法を日本で再現することです。撮影する場所やものを変えることで、オリジナルのコンテンツとして捉えられます。例えば、エッフェル塔を撮影した動画の構成はそのままに、東京タワーで撮影するなどです。また、日本国内の動画でも、東京タワーを他のタワーに変えてみたり、観光地を変えてみたりと、いろんな方法で撮影にチャレンジしてみてください。

❹ 尊敬する作品に自分のエッセンスを足す
オマージュ

「オマージュ」とは、尊敬する動画作品に影響を受け、その作品に似たものを敬意をもって作成することです。元の動画作品をそっくりそのまま流用すると「完コピ」なので、独自の表現を足すのがポイントです。例えば、構成はそのままに撮影する時間帯だけを変えるなどです。

たけちポイント

InstagramやTikTokで使用される「IB」という文字は「Inspired By:〜をきっかけに」という意味で、誰を参考にして、誰に触発されたかということを明記するリスペクトの文化があります。つまり動画クリエイターの世界では、真似することは悪いことではありません。

Mind

06

上手な動画クリエイターを見つける

①　上手だなと思った動画クリエイターを見つけたらひたすら見る！　見る！　見る！

僕は海外クリエイターの方々の動画を見て、「こんな動画を撮りたい！」って思ったことが動画を始めたきっかけだったので、時間があればひたすらリスペクトする方々の動画を見ては、その動画を分解して分析することを繰り返していました。SNSは動画の宝庫です。いいなって思う動画クリエイターや、自分が撮りたいなと思ったジャンルのアカウントなどをどんどん見つけてください。それが上達の近道です！お気に入りに保存して、隙間時間にもすぐ見られるようにしておきましょう。下記に、僕がおすすめするアカウントを紹介するのでチェックしてみてください！

○ **開設7年目**

スポーツやアクションを中心に、ダイナミックな映像制作を得意としています。ドローンを活用した空撮も行い、AIを使った映像編集で、見たことのないようなユニークなトランジションや構図は見ものです。

○ **開設7年目**

スマホを使った撮影と編集に特化し、独自のストーリーテリング技術を持っています。視聴者に役立つ撮影ヒントや裏話を共有し、革新的なテクニックで常に見る人を驚かせ続けています。

開設6年目

全国の旅行施設やお洒落カフェなど「休日に行きたくなる場所」を紹介しているクリエイター。わかりやすく映えるクリエイティブに落とし込むのが得意。画角や構成が上手くて、最初の1秒で引きつけるのがダントツ！ 何より声が素敵!

開設6年目

東京を拠点に全国・海外を旅するフリーライター。観光スポットやグルメ、カフェ、ホテルなど「わざわざ行きたい場所」をご紹介。真似しやすい動画が多く、保存されやすいお役立ち情報も満載!

開設7年目

バリ島在住。スマホを用いたトランジション技術に長けており、思わず真似をしてしまう技を豊富に紹介しています！ 旅行、ホテル、カフェをテーマにした内容で多くのフォロワーを惹きつけ、特にバリ島の美しい風景を生かした映像が特徴です。

開設7年目

彼の撮影技法は、ダイナミックなトランジションやスムーズなカメラワークが特徴です。特に、スピードランプ（映像の速度を変えるテクニック）やリズムに合わせたカットの編集で、視聴者に引き込まれるような映像体験を提供しています。また、スマホの機能を巧みに活かし、安定感のある映像を生み出し、独特の流れるような動きが印象的です。

開設6年目

彼の動画撮影テクニックは、特殊機材なしに身近な場所でユニークな映像を作りたい人にとって非常に参考になります。厚紙で作成した羽や布で作った幽霊などの小道具を活用し、視覚的に面白いトリックを演出するのが特徴です。 鏡やガラスを使った被写体の反射を利用したストーリーを見せる演出も数多くあります!

コラム	本の途中に、緑だけのページと紫だけのページがある！？

本書のP98〜101を開いて見てください。なんと、この4頁は全面緑と紫のページ。印刷ミスかと思ったあなた！安心してください、わざとです！このページは「クロマキー」というちょっと特殊な編集で使えるようにしているんです。この色を使って撮影すると、何とハメ込み合成したような、びっくりする動画ができるんです。詳しくはP93で。

P92のクロマキーという技を使うと　　　こんなびっくり動画に！

 →

この本を持っていれば、いつでもクロマキー動画が撮れるのです！クロマキー動画を撮ったらハッシュタグ「♯たけちのクロマキー」で投稿してみてね！

スマホ1台でバズり動画作ります！

Chapter
02

バズり動画を撮るための撮影基礎知識

ここでは「バズり動画」を撮るための知識やコツを解説します。スマホカメラの設定方法から、撮影のための構図や光の向き、カメラワークなどの知識。そして、実際に撮影するときの構成の考え方や、撮影日の1日のスケジュール、撮り方のコツなども詳しくお伝えしていきます。

Set up 01 カメラ設定：4K60fps・HDR

○ 4K60fpsとは

映像のサイズと（解像度）動画のなめらかさを表しています。これは、まず最初にして欲しい設定。iPhoneで一番高画質な設定なので、なめらかできれいな映像が撮れます。基本的にずっとこの設定でOK！データ容量が大きくなるので、僕はiCloudを契約したり、パソコンにデータを保存したりしています。

○ HDRとは

High Dynamic Range（ハイダイナミックレンジ）の略称で、白飛びや黒つぶれを防いでくれて自然できれいな動画にしてくれる機能です。

○ 4K60fps設定方法

○ HDR設定方法

グリッド線をつける・AE/AFロック

Set up 02

◦ グリッド線とは

グリッド線とは、カメラ上に縦に2本・横に2本の線を表示する機能です。このグリッド線があることで、水平・垂直が瞬時にわかるので、「いざ編集してみたら歪んでいた……」なんて悲しい事態にはなりません。また、撮影対象物の構図を考えるのにも便利です。

◦ AE/AFロックとは

AE/AFロックをすることで、ピントと明るさ（露出）を固定したまま撮影できます。なので、被写体とカメラの距離感が変わらない撮影に使いましょう。
【AE】Auto Exposure ＝ 自動で明るさを決める機能
【AF】Auto Focus ＝自動でピントを合わせる機能

◦ グリッド線設定方法

設定 ▶ カメラ ▶ グリッドオン

◦ AE/AFロック設定方法

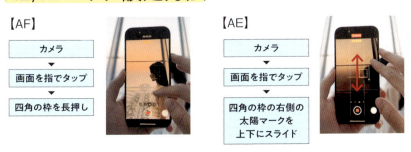

Set up 03 カメラ設定：3つの撮影モード

◦撮影モードとは

スマホの撮影モードには様々な種類があり、撮影シーンや目的に応じて使い分けることができます
・写真モード・標準モード：HDRやライブフォトが利用可能。
・ポートレートモード：背景をぼかすことができ、被写体を強調できる。
・ナイトモード：暗所で明るく撮影することが可能。
・パノラマモード：広い風景を一枚におさめることが可能。
・ビデオモード：高画質のビデオ撮影が可能。
・スローモーションモード：被写体の動きをゆっくりと表現することが可能。
・タイムラプスモード：長時間の変化を、グッと短縮して撮影可能。
・アクションモード(iPhone 14以降)：手ブレを抑えたなめらかな撮影が可能。
・ライブフォト：動きのある写真が撮れるモード。
　シーンに応じて、これらのモードを使い分けることが、よりバズりやすい動画撮影の近道です！

① ─ 広角撮影モード/超広角撮影モード

広角撮影モード(1倍)：
デフォルトの撮影モード

メリット　綺麗に撮れる
デメリット　超広角撮影よりも
　　　　　ブレやすい

超広角撮影モード(0.5倍)：
広角撮影モード(1倍)
よりさらに広い範囲を撮影できる。

メリット　ブレにくく、画角を広く撮れる
デメリット　ノイズが入りやすい　画面の
　　　　　四隅が歪みやすい

② ─ スローモーションモード

名前の通り、撮った動画がスローで再生
されるモード。

メリット　人の目で追いきれない一瞬の
　　　　動きが鮮明に見える。
デメリット　容量が大きくなる。画質が
　　　　　落ちる

注意　「4K60fps」の解像度では撮影
できない。※フルHD画質で、1秒間に
240フレーム(240枚の画像)で撮影さ
れ、なめらかなスローモーションが可能

③ ─ タイムラプスモード

iPhoneのタイムラプス撮影では、実際に
撮影する時間が長いほど、仕上がる動画は
短くなります。
・5～10分間の撮影動画は10～20秒程
度
・30分間の撮影動画は20秒程度
・1時間以上の撮影動画は30秒前後

メリット　時間の流れを凝縮できる
デメリット　時間がかかる、カメラを固定
　　　　　するものが必要

Lesson 01 | 撮影準備の基礎知識

◦ 動画撮影までにすべき7つのこと

いざ、動画撮影をしよう！といっても、何から準備すればいいのか迷いますよね。
撮影までに具体的に何をすべきかを説明しますので、撮影前に必ずチェックしましょう！

撮影準備

① — カメラの設定の確認
② — スケジュールの確保と確認
③ — ロケハンする
④ — コンテンツ案の準備
⑤ — 前日・当日の天気を調べる
⑥ — 必要機材、小道具の準備
⑦ — 撮影許可について調べる

① — カメラの設定の確認

P32〜34で説明したカメラの設定を確認しましょう！「4K60fps」になっていますか？ グリッド線は設定しましたか？ 手動で太陽マークのアイコンを上下させて、画面を最適な明るさに設定する練習も忘れずに。

② — スケジュールの確保と確認

スタッフやモデルの日程を前もって確保しましょう。例えば、1ヶ月前に日程が確定した後は、オンラインなどで打ち合わせを重ね、1週間前には当日の進行スケジュールをお知らせする、など丁寧なスケジューリングが大切！ 予備日として複数の日程でスタッフや場所、モデルの予定をキープしておくと安心！

③ — ロケハンする

ロケハンとは、ロケーションハンティングの略で、撮影場所のリサーチや下見をすることです。現地に行けなくても、InstagramやTikTok、Googleマップなどを利用して現場の状況を確認して、どこでどう撮影するかやカメラアングルなどの確認をします。

④ — コンテンツ案の準備

リサーチして撮影コンテンツを決めて、徹底的に研究します。例えば、海外クリエイターの動画でいいなというものを見つけたら、カメラの設定、撮影場所、モデルの雰囲気や服やメイクの色味など、できる限り寄せて撮影できるように準備します。

⑤ — 天気を調べる

基本的には青空が動画映えするので、できる限り晴れの日を狙います。天気によって動画の雰囲気はガラッと変わるので、しっかり天気予報をチェックしましょう。道路が濡れていたり、地面の水捌けなどもあるので前日の天気も忘れずに。

⑥ — 必要機材、小道具の準備

撮影によって必要機材を吟味しよう！ iPhoneの撮影の場合は、三脚、ジンバル、モバイルバッテリー、ミニライト等を忘れないように。その他、必要な衣装(靴やアクセサリーが必要な場合も)、トランジションに必要な小道具、夏場なら水分や暑さ対策、冬ならば防寒アイテムなど。書き出してチェックリストを作っておくと安心です！

⑦ — 撮影許可について調べる

場所によっては、撮影許可が必要な場合もあります。撮影したい場所が決まったら、しっかり調べて撮影日までに申請して許可をもらいましょう。場所によって、条件や申請フォーマットが全然違う場合や、事前許可がないとすぐに注意されて退散……なんてこともあるので必ず下調べを！

> **Point**
> **たけちポイント**
> この事前準備で、動画が上手く撮影できるかの命運が分かれるのでしっかり準備しておきましょう！

Lesson 02 動画をどう撮るか構成を考える

○ 構成とは

どんな動画を撮りたいかが決まったら、次は「どの順番」で「どんな場面を撮影するのか」という「構成」を考えることが大事です。始めから終わりまでを、ただただ撮り続けても、それはただの記録にしかなりません。事前に構成を考えることで、ドラマチックな映像になるのです。ここでは普段、僕が動画を撮影する前に、どう考えているのかの「構成」をウェディングの事例でご説明します。

ブライダル撮影のスケジュールノート

撮影日	■●/●(●) 9:00
撮影場所	チャペル前集合

白いドレスで結婚式用の動画（4カット）裏側撮影：加納

NO.	時間		背景シーン	撮影場所	イメージ画像	カメラの動き	トランジション	必要物
1	13:00	完了	ドアを開けるシーン	チャペル		固定	ベール	スタッフ2名
2	13:30	完了	歩いてるシーンを横で撮る	チャペル		右から左	ブーケ	ブーケ
3	14:00	完了	ベールダウン	チャペル		固定	赤い花びら	ブーケ・赤い花びら
4	14:30	完了	チャペルから出ていく（最後ブーケ投げるのもあり）	チャペル		引いていく	なし	赤い花びら

赤いドレスで前撮り用の動画（5カット）裏側撮影：加納

NO.	時間		背景シーン	撮影場所	イメージ画像	カメラの動き	トランジション	必要物
1	10:00	完了	衣装を選ぶ	衣装室		上から下で左から右に移動	柱	なし
2	10:30	完了	着替え	衣装室		左から右に右から左に戻る動き	柱	ライト
3	12:00	完了	ジンジャーエール乾杯	披露宴会場		右から左にスライドする動き	人	2人のスタッフ ジンジャーエール
4	16:30	完了	2人で歩く	披露宴会場		右から左にスライドして引く	ブーケ	赤いブーケ
5	18:30	完了	キラーカット	東京駅		ブーケで切り替わって携帯の動きは引き	なし	赤いブーケ キャンドル6つ ラグ・ライト

◦ 考え方：ウェディングと聞いてイメージするものを考える

「ウェディング」から思いつくものや、入れたいシーン、関連するアイテムなどを思いつく限り書き出しましょう。そうすることで、必要なシーンやトランジションに使えるアイテム、撮りたいなと思う演出などが形になってきます。またInstagramなどで検索して、ざっくりとしたイメージを持つのも大事。思いついたら撮影スケジュールシートにどんどん書き込んでいきます。

完成動画はこちらから！

ブライダルチーム(3名)●●様、式場スタッフ(2名) たけちチーム(5名)たけち、 ●●、●●、●●、●●
ポイント・服装・備考
新婦、お父さんがカメラに向かって笑顔で歩いてくる スタッフのドアを開けるシーンの呼吸大事 ライト：TJ、上田さん
新婦、お父さんが正面に向かって歩いていく 下記の動画の3カット目から4カット目をイメージ ブーケ：TJ
花びらで切り替わり 花びら：TJ、徳永さん
新郎新婦が退場して周りにいる人が 歓声を出して花びらを投げてるシーンをイメージ 花びら：TJ、徳永さん
ノーマルの服装から衣装を選ぶ動き (選んでるシーンの背景は白いドレスよりカラフルな ものが置いてあると良い) ライト：TJ、上田さん
私服からドレスに変化(メンズ：黒、レディース：赤色のドレス) 目の前に新郎がいて衣装について笑いながら会話してる雰囲気 ライティングを左側の見えないところから被写体に向かって (ライティングの場所要確認) ライト：TJ
2人の式場スタッフに立ってもらう 下記の動画の切り替わりをイメージ
入口からカメラ側に2人で出てくるシーン 下記の動画の3カット目から4カット目をイメージ
人が入らないようにすること ライト：TJ

①ウェディングと聞いてイメージするものを考える
新郎新婦にフラワーシャワーをして、みんなが祝福しているシーン、入場、ベールダウン、歩いているシーンなどを書き出してみましょう。ベール、ブーケ、花びら、バージンロード、ドレス、教会などのイメージワードも思いつくままに書き出してみよう。

②場所を想定する
撮影場所が決まったら、どんなところかを調べて(ロケハン)撮影シーンを考える。

> **Point**
> **たけちポイント**
> 教会や式場、衣装室など撮影可能な場所を調べ、どんなシーンが撮影できるか考えました。

③「キラーカット」を設定する
撮影シーンからカット数などが想定できたら、決め手となる一番いいシーン「キラーカット」をどう撮影するか考える。

> **Point**
> **たけちポイント**
> 最後のシーンをキラーカットと設定。最もドラマチックな雰囲気が演出できる夜に、夜景が綺麗な東京駅で新郎新婦を撮影しました。

④カメラワークとトランジションを想定する
シーンや撮影場所を決めたら、カメラワーク(パン、トラックなど)やトランジションを考える。

> **Point**
> **たけちポイント**
> トランジションに使う小道具をベール、ブーケ、花びらに設定！

こうして、何をどのように撮影するかを事前に考えてから臨むと、取り直しがきかない本番一発勝負のような撮影は失敗のリスクヘッジができます。現場では想定外のことも起きるので、撮影の軸となる部分がブレないことが大事。

Lesson 03　撮影要素の順番　黄金ルールを覚えよう

黄金ルールを叩き込もう

ここでは僕がいつも要素を決めていく順番を説明します。この黄金ルールに沿って要素を決めていくと、スムーズに撮影できるのでぜひ真似してみてください。

撮影要素の黄金ルール

① 背景　　③ 構図　　⑤ トランジション
② 光　　　④ カメラワーク

①― 背景⇒「余計なものを映さずに統一感を出す！」

伝えたい世界観を作り込むためには背景がとても重要です。一瞬で見るか見ないかを判断されるのが動画。パッと見で世界観がどれだけ作り込まれているかが、見ている人をどれだけ惹きつけられるかに比例するからです。

この統一感のある一枚の中に、もし財布やパソコンなどの、系統が違ったものが置かれていると、見た瞬間に違和感を感じる。この「違和感」を排除していくことで統一感が出る。

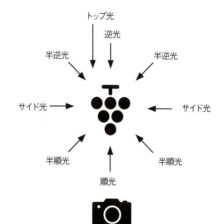

②― 光⇒「逆光を制するものが動画を制す！」

逆光で撮ると暗い動画になると誤解されがちですが、カメラの設定のAFロック（P33）を設定して、太陽マークで明るさを上げれば、むしろ雰囲気のある動画を撮影することができます。なので、僕はいつも逆光か半逆光で撮影しています。

③― 構図 ⇒「迷ったら
　　　日の丸構図・額縁構図」

様々な種類の構図がありますが(P48)、基本的に被写体を中央に置くことで、何が主役なのかをはっきりさせることができ、わかりやすくて伝わりやすい動画になります。僕は、自然の中の木々の枝やアーチ、窓枠、ドア枠などを使って被写体を囲むことで、視線を中央の被写体に集中させる手法をよく使います。

> 日の丸構図
> 三角構図
> シンメトリー構図
> 三分割構図
> 放射線構図
> 額縁構図
> 対角線構図
> アルファベット構図　など

④― カメラワーク ⇒「水平・垂直・角度・高さを
　　　意識して違和感のない動画を撮る！」

被写体をどの角度からどう撮影するかは、カメラの動きが大切になってきます。しっかり手に持ってスマホがブレないように固定して、水平に左右に動かし、垂直に上下に動かします。このときカメラの角度が前や後ろに倒れないように注意。カメラの高さを目の高さに合わせましょう(P40)。僕は、カメラが斜めに動くカメラワークは基本的にはしません。手ブレをさせないよう足腰を使って、重心をしっかり取ることを意識しています。

⑤― トランジション「視覚的にシーンを繋げたり、
　　　映像の流れをコントロールしたりする技術」

動画のカットとカットを繋ぐための手法をトランジションと呼びます。シーンの繋がりをスムーズにでき、視覚的なインパクトを与えたり、時間や場所の変化を示したり、テンポやリズムを調整したりすることができる技術です(P54)。カメラワークは基本的に同じ方向にすることがポイント。右→左に撮影したら、次のカットも、右→左に撮影すると違和感のないトランジションになります。

Lesson 04 みんながやりがちな失敗に気をつけよう

◦ やりがちな失敗
手ブレ、スマホの角度、録画ボタン押し忘れ

せっかくいい動画が撮れたと思っても、カメラワークで手ブレしていたり、スマホの角度が曲がっていて、撮り直しになったり……僕自身も何度もやってきた失敗です。体幹を使ってスマホを動かすことと、正しいスマホの角度を頭に叩き込みましょう。そして次に多い失敗が、録画ボタンの押し忘れです。まさかと思う方が多いと思うのですが、この失敗は本当にめちゃくちゃ多いです(笑)。なので、必ず録画ボタンを押してから、2〜3秒画面を見て確認するクセをつけましょう。

◦ 正しいスマホの角度

スマホの角度は垂直になるようにして。

◦ 手ブレしないように動く

基本姿勢

基本は中腰で、上半身を丸ごとスライドさせるように動く。手だけを動かすのはNG。

> **Point たけちポイント**
>
> 通行人や世界観に合わない背景など、動画にそぐわないものがなるべく映らないように注意することも大事!

Lesson 05 | ストーリー性を生み出すために必要なカットを知っておく

○ ストーリー性とは

ストーリー性というフレーズをよく耳にしますが、簡単に言うと「世界観や価値観に共感してもらって、視聴者を引き込む」こと。最後まで見てもらえる動画には、このストーリー性がとても大事。ここでは、どう撮影するか構成を考えて、動画に緩急をつけてストーリー性を生み出すテクニックを紹介します。

ストーリーが生まれるルール

① ─ 起承転結を意識する
② ─ アクションとリアクションの法則

---

① ─ 起承転結を意識する

起承転結は、物語や文章を効果的に展開するための基本的な構成方法です。「起」の導入から「承」の展開、「転」のクライマックス、そして「結」の結末へと、視聴者を自然な流れで引き込むことができます。これを意識すると相手に物事が伝わりやすくなるので、この「構成」を意識しましょう。

② ─ アクションとリアクションの法則

何かしらアクションをしたら、次にリアクションが来るという構成にし、この繰り返しを見せていくことで、自然な流れになります。例えばカフェでコーヒーを飲むシーンでは、「カップを持ち上げるシーン」→「飲むシーン」を動きに合わせて撮るようにします。

Lesson 06 ストーリー性を高めるための撮影方法

カットが高めるストーリー

同じカットでもポジションやアングルを変えたり、寄ったり引いたりして、様々なカットを撮影して編集すれば、一気にストーリー性が高まります。また、撮影をするときは、同じカットをいくつか撮った中からセレクトして編集すると、クオリティが高まりさらにストーリー性を高めることができます。

ストーリー性が高まるルール

① ポジションを変えて撮影する

② アングルを変えて撮影する（高い・低い）

③ 寄りと引きのカットを使い分ける（0.5倍や1倍）

④ 繋がりのあるカットを意識する

① ポジションを変えて撮影する

被写体との距離を固定して（ポジション）、角度を変えて同じカットを撮影します。異なる角度で撮影することで、背景や被写体の印象が変わります。

左斜めから撮影した場合、背景に壁が写り込み、写真全体に奥行きがあまり出ません。

右斜めから撮影した場合、背景に奥行きが感じられ立体的な印象になります。

②― アングルを変えて撮影する（高い・低い）

被写体に対して垂直に真上から撮影したり、真下から撮影して上下で視点(アングル)を変えて同じカットを撮影します。

真上から撮影すると見慣れたものでも、普段とは違った印象になります。

> **Point**
> **たけちポイント**
> 「三角構図」（P49）を意識すると、視覚的にバランスの取れた動画を作ることができます。テーブルに配置された飲み物などを三角形の形にまとめることで、自然と視線を集めやすくなります。

③― 寄りと引きのカットを使い分ける

被写体に対して、カメラを垂直に構えて寄ったり引いたりして、距離を変えて撮影します。例えば、「どういう場所」で「何をしているのか」伝えたい場合は、「引きカット」、被写体の情報をしっかり伝えたい場合は「寄りカット」。このように見せたい印象によって撮り分けて、様々なカットを組み合わせよう！

引きで撮影すると、空間全体の状況が伝わります。

寄りで撮影すると、飲み物やデザートの内容が鮮明に伝わります。

1倍の場合は、飲み物やデザートに焦点が合い、インパクトを与えます。

0.5倍の場合は、超広角で撮れるので、周りの雰囲気も伝わります。

④― 繋がりのあるカットを意識する

お店に入る、ドアをあける、階段を降りて、テーブルに座り、コーヒーを飲む、カップを持って飲む、ゆったりするなどの流れを時系列で繋ぐと、わかりやすいストーリーになります。一連の流れを考えて撮影しましょう。

Lesson 07 | 圧倒的な差が出る背景の選び方

○背景が大事な理由

動画を撮影する際は、被写体だけでなく「背景」にも気を配ることで、出来上がりにかなりの差が出ます。例えば、背景が散らかっていたり、不必要なものが映り込んだりすると、視聴者の注意をそらす原因になり、全体的にバラバラでチグハグな印象になってしまいます。そうなると、一番大事な共感を得られず、動画に視聴者を引き込めなくなってしまうのです。

> 背景のルール
>
> ①― 背景の映り込みを徹底的に意識する

①― 背景の映り込みを徹底的に意識する

動画に不要な映り込みがあると、どうしてもそこに目が行ってしまいます。なので、背景に不適切なものや動きがあるものが映り込んでいないか確認し、それらが画面に入らないようにしましょう。これを徹底することで、動画の主題が際立ち、視聴者が動画内容に集中しやすくなります。また背景はシンプルで、動画の内容と関連性の高いものであればあるほど、動画のテーマやメッセージが伝わりやすくなります。例えば、料理動画ではキッチンの清潔な部分を映すことで、料理自体の魅力をより引き立てることができます。

せっかくのおしゃれなカフェなのに、おしぼりやコードなどが映り込むと雑多なイメージに。

> **Point**
>
> **たけちポイント**
>
> 余白のバランスが悪くなるので地面の映りすぎや、天井の映りすぎにも気をつけて！また窓越しの風景や、窓が映る場合は反射しないようにアングルを探って！

Lesson 08 | 時間帯で変わる光の影響力

◦ 印象は光で変わる

光の向きが変わると、影の出方が変わり、動画の印象もガラッと変わります。光の向きから計算して、いつどこで撮影するかを決めましょう。

①― 時間帯：朝の光（ゴールデンアワー）

朝日が昇る直後の時間帯（おおよそ日の出後1時間まで）は「ゴールデンアワー」と呼ばれ、柔らかく温かみのある光が広がります。この光は赤みがかり、影も柔らかくなるため、肌や表面に美しい色味と質感が出ます。

[使い方] 自然な陰影をつけたいときに最適。光の向きを考慮しながら、サイドから入る光や逆光で被写体を強調すると、被写体の輪郭や奥行きが際立ちます。

[おすすめ被写体] ポートレート、風景（特に自然や田園風景）、花や植物。光が柔らかく人物がリラックスした雰囲気で映るため、静かな朝のシーンに向いています。

②― 時間帯：昼の光

太陽が真上にある昼間の時間帯の光は強く、硬い影を作ります。光の色味は白っぽく、コントラストが強くなり、被写体に直接当たる光が多くなります。

[使い方] 光の強さを活かして、鮮明でシャープな描写をしたいときに適しています。直射日光下での撮影は白飛びが起こりやすいため、建物の影や木陰を使い、直射光を避けると柔らかい表現が可能です。また、レフ板を使って影を埋めるのも効果的です。

[おすすめ被写体] 建築物、都市風景。コントラストが強いため、建物や構造物のディテールがくっきりと出やすいです。被写体が力強く印象的なシルエットや陰影で映るため、ポートレートでも力強い印象を与えたい場合に向いています。

③― 時間帯：夕方（ゴールデンアワー）

日没前後の「ゴールデンアワー」は、朝と同じく温かみのある柔らかな光が特徴です。光が低く斜めから差し込むため、被写体が立体的に映ります。

[使い方] 逆光や斜光を活かして、温かい雰囲気やドラマチックなシーンを作り出せます。シルエット写真にも最適で、被写体の背後に太陽を置き、光を活かした輪郭を際立たせるテクニックが効果的です。

[おすすめ被写体] シルエットポートレート、風景（海辺、都市のスカイライン）。色彩豊で、ノスタルジックな雰囲気を醸し出したいシーンにぴったりです。人や動物などの被写体が柔らかく温かみのある色味で映ります。

④― 時間帯：夜の光

自然光がほぼなく、人工照明が主な光源になります。街のライトや看板のネオン、建物の照明などが場面を彩りますが、光量が少ないためスマホ撮影にはあまり向きません。

[使い方] 三脚を使って、長時間露光で光の流れを捉えたり、被写体をドラマチックに映し出します。

[おすすめ被写体] 夜景、光のラインを活かした車の軌跡、街のスナップ。建物や人物を大胆に表現したいときには、街灯やネオンの色味を活かすことで、幻想的でムーディーな写真が撮れます。

Lesson 09 太陽の光の向きについて

光を制するものは、動画を制する！

太陽の光の向きは、動画の雰囲気を大きく左右します。被写体に対して太陽がどの向きから光を照らすのかを理解・計算・撮影することで、豊かで奥行きのある動画になります。

①— 順光

被写体の真正面から当たる光。被写体全体に光が届くので、色を鮮やかに捉えるので陰影がつきにくく、立体感や質感が出にくい。

おすすめシチュエーション
- 色を綺麗に見せたいとき
- ものの色や様子を正確に記録したいとき
- 風景
- 商品撮影

おすすめの被写体
- 青空、ビーチ、花、植物
- 集合写真での人物
- オンライン用の商品

②— 逆光

被写体の後ろから光が当たる光。光が被写体に直接当たらないので、柔らかい仕上がりになります。AE/AFロック(P.33)を使って、被写体の明るさを調整することで雰囲気のある印象に。

おすすめシチュエーション
- 印象的にしたり、見る人の感情を動かしたい時
- ポートレート撮影
- シルエット撮影
- 海辺や自然の風景

おすすめの被写体
- 人物・花や葉（透け感が出る）
- スポーツシーン（シルエットでダイナミックさが出る）

Point たけちポイント

AE/AFロックをするときに太陽マークを下げ、あえて被写体が暗く映るようにすると、おしゃれな「シルエット撮影」に。

③ サイド光

おすすめシチュエーション
- 立体感や質感を強調したいとき
- 風景撮影
- 料理撮影
- ポートレート撮影

おすすめの被写体
- 風景
- 人物
- 料理

被写体の横から当たる光。陰影がハッキリつくので、立体感や質感の描写に優れている。

④ 半逆光

おすすめシチュエーション
- 被写体やシーンに感動を演出したいとき
- サンセット
- ポートレート撮影
- シルエット撮影

おすすめの被写体
- 人物
- 風景
- スポーツシーン

被写体の斜め後ろから当たる光。逆光による印象の柔らかさの要素に加え、背景も撮影できる。

⑤ トップ光

おすすめシチュエーション
- 強いコントラストや鮮やかな色を強調したいとき
- 商品撮影
- アート撮影

おすすめの被写体
- 商品
- アート作品

被写体の真上から当たる光。被写体を明るく均一に照らすが、くぼみの部分が陰になるので人物撮影のときには注意が必要。

⑥ 半順光

おすすめシチュエーション
- 色の綺麗さと立体感を両立したいとき
- ポートレート撮影
- 風景撮影
- 動物撮影
- 建築撮影

おすすめの被写体
- 人物
- 料理
- 風景
- 都市景観

被写体の斜め前から当たる光。影が被写体の輪郭を強調し、立体感が生まれる。
ビルや通りなどの都市部の撮影に半順光を用いると、建物のディテールや街並みの質感が美しく表現される。特に、建物の表面に落ちる光と影が交互に現れることで、都市の活気と構造が強調される。

Lesson 10　構図を知ろう

◦ 構図とは

動画のバランスを綺麗に見せるコツは、構図を意識しながら撮影することです。まずは基本の構図を覚えておきましょう。

構図―① シンメトリー構図

特徴
・風景の撮影に向いている
・シンプルで取り入れやすい構図

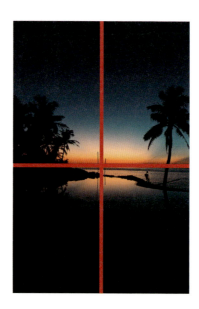

上下・左右が対称になる構図。安定感があり、シンプルで整った印象を与える。海と空、水面に映った風景、左右対称の建物（コの字型のビルや神社の鳥居）など、二分割できるものを見つけたら、ぜひ試してみましょう。

構図―② 三分割構図

特徴
・複数の被写体をバランスよく撮影できる
・グリッド線を表示することで簡単に

グリッド線で画面の縦・横をそれぞれ三分割し、線が交差しているところに被写体を配置する構図。この構図は被写体だけでなく背景もしっかり映すことができます。被写体と背景の関係を見る人に想像させ、ストーリー性を持たせることができます。

構図 —③ 三角構図

特徴
- 三角形の頂点に被写体を置いたり、写真の中に三角形ができるように撮影する・奥行きや安定感を出す効果がある
- 線路や道など、長く続いているものも三角構図に向いている

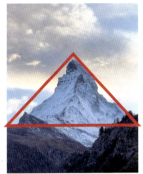

画面の中で被写体を三角形の形に並べる構図です。この構図を使うと、画が安定して見え、見る人の目を自然に中心に惹きつけやすくなります。例えば、山の景色を撮るとき、山の頂上を三角形の頂点、左右の山の裾を三角形の両端としてイメージすると、構図がまとまりやすくなります。三角形は、安定感があるため、建物や風景を撮るときに特に効果的です。

> **Point**
> **たけちポイント**
> 人物を撮影するときも、腕や脚を曲げて三角を作るなど、様々なシーンで構図の応用がききます！

構図 —④ 額縁構図

特徴
- 風景や人物の撮影に向いている
- 奥行きが出てメリハリがつく

画面の中にさらに枠を作り、額縁で囲んでいるかのような構図。画面の中に作った枠が前景の役割を担ってくれて、奥行きや立体感が出ます。

構図 ―⑤ 日の丸構図

特徴
・最もスタンダードな構図
・主役となる被写体が明確にあるときに効果的

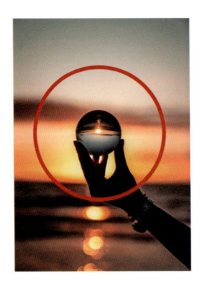

被写体を画面の真ん中に持ってくる構図。主役がわかりやすいので一番見て欲しいものに視線を集めやすく、ダイレクトに視覚に伝わります。

Point たけちポイント

日の丸構図は、実は誰もが無意識のうちにやっている構図でもあります。ここでのコツは、アップで撮影すること！ 一気に垢抜けて素人っぽさがなくなります。

構図 ―⑥ 額縁日の丸構図

特徴
・風景と人物を同時に撮影するときに効果的
・被写体が複数あるときに、主役を明確にして視線を集めつつ奥行きを出し、メリハリがつく

額縁構図と、日の丸構図を合わせたのが額縁日の丸構図です。額縁となるものの真ん中に被写体を置くと、必然的にこの構図になります。

Point たけちポイント

慣れてきたら、複数の構図を組み合わせて撮影してみましょう。

構図 —⑦
アルファベット（S字、C字）構図

特徴
・料理の撮影に向いている
・遠近感、動きを表現する

S字構図
見る人の視線を自然に画像の中を移動させます。

C字構図
わざとお皿などを全部映さずに見切れさせることで、アルファベットのCの字に見えるようにします。

特定のアルファベットの形を模倣して視覚的に魅力的な配置を作る構図。この構図は、画面の中で自然な流れやバランスを作り出すため、視覚的な効果があります。

Point
たけちポイント
お皿全体を映そうとしがちですが、この構図を使うとおしゃれでスタイリッシュなイメージが演出できます。

構図 —⑧
放射線構図

特徴
・1点に強く視線を誘導する
・奥行きを表現したいとき

奥行きを出すのに非常に効果的な構図。この構図を使うと、視聴者の目を画面の奥深くに誘導することができ、シーンに立体感と深みを与えることが可能になります。

Point
たけちポイント
道路、橋、階段の手すり、廊下などを見つけたら放射線構図を試してみよう！

Lesson 11　4つのカメラワーク

○ カメラワーク

カメラワークは、動画を撮るときのカメラの動かし方や使い方のことで、動画の見え方や感じ方を工夫し、撮りたいシーンに合わせて色々な撮り方ができます。例えばカメラを左右や上下に動かすと、視聴者がまるでその場にいるような感じを出せますし、走っている人を追いかけるようにカメラを動かすと、一緒に走っているような迫力が出せます。他にも、カメラをゆっくり動かすと落ち着いた感じになり、速く動かすとスピード感が出ます。カメラをどう動かすかで、動画はもっと面白くなります！

覚えておくべきカメラワーク4選

① フィックス　② パン　③ ティルト　④ トラック

カメラワーク —① フィックス

カメラを三脚などに置いて固定して撮影します。事前にピントを合わせておきましょう。三脚がない場合は、膝を曲げ、脇を締め、腕を伸ばし切らずにカメラを持つのがコツです。

たけちポイント（Point）
一人で三脚を置いて撮影するときは必然的にフィックス。カメラが動かないので、画面の中の自分や被写体になるものが動いて撮影します。

カメラワーク —② パン

カメラを左から右、または右から左に動かして撮影します。パンは、被写体の動きに合わせて使うことで、視聴者に視線の誘導や空間把握を自然にさせる効果があります。

たけちポイント（Point）
広い風景をより広大に見せたいときや、視点の横移動を表現したいときに使ってみよう。

カメラワーク—③
ティルト

カメラを垂直方向に上下に動かして撮影します。カメラが斜めに寝てしまわないように、地面に対して垂直をキープします。

> **Point**
> **たけちポイント**
> 動画はできる限り動きがあると良いので、最初のカットはティルトから始めることが多いです！

カメラワーク—④
トラック

移動する被写体の動きに合わせて、カメラを前後に動かして撮影します。カメラの位置は被写体の後ろや横で、被写体を追跡するようなイメージで撮影します。

> **Point**
> **たけちポイント**
> 被写体とカメラの距離は一定に保ったまま移動しよう。流動感や臨場感を与えたいときに試してみて！

Lesson 12 トランジションの極意

○ トランジション

動画を繋ぐ手法「トランジション」をきれいに見せるためには、5つのコツがあります。
この5つさえマスターすれば、流れがスムーズでインパクトのある動画に仕上がります。

> **トランジションを綺麗に見せる5つのコツ**
>
> ① ― 前後のカットの速度を撮影時点で一定に
> ② ― 同じ色か同じもので繋いで違和感をなくす
> ③ ― 前後のカットでピンボケはしない
> ④ ― 編集の際にカットの繋ぎ目を少しだけスピードを上げる
> ⑤ ― 編集ソフトにあるトランジションは使わない

① ― 前後のカットの速度を撮影時点で一定に

速度を同じにするのが大原則。違和感をなくすためにもしっかり速度をキープしよう。

② ― 同じ色か同じもので繋いで違和感をなくす

繋ぎ目となるものが、動かせない大きなものの場合は、同じ色のものを使って繋ぎます。
例: 柱を使ったら、次のカットは木にするなど

③ ― 前後のカットでピンボケはしない

ピンボケすると、見せたいもの・コトがクリアに伝わらず視聴者の集中力が途切れ、離脱に繋がってしまいます。ここに気をつけることで、クオリティ・再生回数がかなり変わるので常に意識して！

④ ― 編集の際にカットの繋ぎ目を少しだけスピードを上げる

トランジションの前後のカットのスピードを上げることで、カットの繋ぎ目が一体化して見えるので動画が自然に見えます。この繋ぎ目の違和感を消すことが、驚きのある動画に仕上がるコツ！ カットのつなぎ目の前後の速度を、それぞれ1.1～1.2倍にします。

⑤ ― 編集ソフトにあるトランジションは使わない

現実的ではない動きをするトランジションが多いので、見づらく、違和感を感じさせる動画になってしまいます。既存のトランジションに頼るのではなく、トランジションが繋がるように撮影することを心がけて！

Lesson 13

たけち的トランジションテクニック！

○ トランジションとは

トランジションは場面やシーンを次の場面に移行させる際の効果や手法のこと。シーンのスムーズなトランジションは見る人を惹きつけます。シーンが切り替わる際の、編集ポイントを作る5つの手法をマスターしよう。

たけち的トランジションテクニック6選

① — 体を使ってできるトランジション
② — 身に着けているものでトランジション
③ — 動作トランジション
④ — 食べ物トランジション
⑤ — 小物トランジション
⑥ — 固定物トランジション

---

① — 体を使ってできるトランジション

○ 足の裏トランジション

スマホを地面に置いて、足を右から左に動かしてスマホレンズを隠します。次のカットも同じ動きをして繋げると、天井が綺麗に切り替わります。

動画はこちらから！

○ 手のひらトランジション

手のひらでスマホのレンズを覆い、動作ごとに動画を切り替える方法。次のカットでは、覆っているところからスタートして、ギャップを見せます。

動画はこちらから！

○ 指トランジション

動画はこちらから!

指をチョキチョキする動作でスマホのレンズを覆い、切り替えます。指を広げるたびに画面が切り替わります。

> **Point**
> **たけちポイント**
> 被写体との距離が変わらないので、必ず「AE/AFロック」(P33)をしておくことを忘れずに!

②― 身に着けているものでトランジション

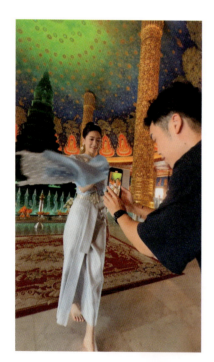

○ 服トランジション 動画はこちらから!

スカートやストール、コートなどの衣服でスマホレンズを覆って、画面を切り替えます。

○ 帽子トランジション 動画はこちらから!

帽子をスマホに覆い被せて、画面を切り替えます。次のカットでは、その帽子をスマホから取るところからスタートします。

③ — 動作トランジション

○ ジャンプ
　トランジション

動画は
こちらから！

○ 踏みつけ
　トランジション

動画は
こちらから！

体の大きさや位置を揃えて、ジャンプの着地時に画面を切り替えます。

スマホを上下反対にして、レンズを上にして傾けて撮影します。

④ — 食べ物を使った
　　トランジション

動画は
こちらから！

例えば、チョコチップでスマホレンズを覆って、前後の景色を切り替える方法。他にも、レンズにラップをして上からソースを垂らすというのも、料理動画では効果的です。

⑤— 小物トランジション

動画はこちらから！ 動画はこちらから！

○ 花びらトランジション

花びらをスマホレンズに被せて、前後の景色を切り替えます。春なら桜、秋なら紅葉した葉、結婚式ならバラなどを使うと季節感やシーンを演出できます。

○ 飲み物トランジション

缶やカップをスマホレンズに当てて覆い、次のカットでは、それを離すところからスタートして切り替えます。飲み物の表面部分で切り替えたりも◎。

⑥— 固定物トランジション

動画はこちらから！

○ 柱トランジション

柱や壁などを使って、景色を切り替えます。前後に使うものは同じ色で繋げることで、違和感がなくなります。

設定から撮影の基礎知識をおさらい！

ずっと読んでいると、頭の中がこんがらがってしまいますよね。ここで今までの流れを確認してみましょう！
いざ撮影に向かうときなども、わからないことがあったときや迷ったときはここから探してみてください。

Set up 01　カメラ設定：4K60fps・HDR ──── P32

Set up 02　グリッド線をつける・AE/AFロック ──── P33

Set up 03　カメラ設定：3つの撮影モード ──── P34

Lesson 01　撮影準備の基礎知識 ──── P35

Lesson 02　動画をどう撮るか構成を考える ──── P36

Lesson 03　撮影要素の順番 黄金ルールを覚えよう ──── P38

Lesson 04　みんながやりがちな失敗に 気をつけよう ──── P40

Lesson 05　ストーリー性を生み出すために 必要なカットを知っておく ──── P41

Lesson 06　ストーリー性を高めるための撮影方法 ──── P42

Lesson 07　圧倒的な差が出る背景の選び方 ──── P44

Lesson 08　時間帯で変わる光の影響力 ──── P45

Lesson 09　太陽の光の向きについて ──── P46

Lesson 10　構図を知ろう ──── P48

Lesson 11　4つのカメラワーク ──── P52

Lesson 12　トランジションの極意 ──── P54

Lesson 13　たけち的 トランジションテクニック！ ──── P55

この基本ポーズはどこのページにあるかな？

Lesson 14 女性を可愛く撮る方法

◦ 女性の撮り方を知っておくと案件も増える！

案件は企業だけでなく、意外と、女性個人や家族の撮影などの依頼も多いです。女性を可愛く撮るコツをマスターしておこう！

①— 逆光で撮る

被写体の後ろから光が当たり、ふわっと柔らかい印象になります。撮影するのは夕日の時間帯がベスト。これだけでかなり雰囲気良くきれいに撮ることができます。

②— 被写体の目の高さにカメラを合わせる

自分の目ではなく、カメラは被写体の目の高さに合わせます。特に撮影者が男性の場合、被写体の目の高さに合わせずに撮ると上から見下ろすようになってしまうケースが多く、素人っぽい動画になりがち！

③— 女性にリラックスしてもらう

撮影前に手を組んで上に伸びるストレッチをしてもらい、リラックスして撮影できるようにしましょう。脇を締めると、体が縮こまって見えてしまい窮屈な印象になるので、被写体の女性に脇を締めないよう伝えてあげると◎！ 伸び伸びとした無防備な姿になってもらえると、自然体で可愛く撮影できます。

④— 鼻の穴が目立たない角度で撮る

下から仰ぎ見るようなアングルはNG。鼻の穴が目立つと、視線がそこに集まります。

⑤— 映えるアイテムを持ってもらう

撮影の際には映える小道具を使うとクオリティが上がります。例えば、麦わら帽子、しゃぼん玉、カメラ、風船、花びら、マフラー、ニット帽などなど。季節に合わせてアイテムを選ぶのがポイントです。花びらは、生花を買うと値段が高かったり、花粉アレルギーがあったり花粉が衣装についてしまったりすることもあるので、僕は100円ショップの造花をよく使っています。

Lesson 15 人物撮影で絶対に やってはいけない5つのこと

これだけは絶対に守って！

人物撮影では、被写体にリラックスしてもらいながら楽しい雰囲気を作ることが何よりのポイントです。そのためには、「相手が疲れていないか」など気を配ることも大事。そしてポジティブな声かけをして、被写体の気分を盛り上げることで良い表情を引き出します。また、撮ったらすぐ見せてあげると喜ばれます。

絶対NG5選

① ― 首斬りの構図
② ― 串刺しの構図
③ ― 目刺しの構図
④ ― カメラマンが指示を出さない
⑤ ― カメラマンの表情が硬い

① ― 首斬りの構図

首から上が見切れてしまったり、首に水平の線が映ったりする構図はNG。

② ― 串刺しの構図

画面上にある縦線上に、顔が並んでしまう構図はNG。

③— 目刺しの構図

被写体の目の横線上に、線状になるものが映る構図はNG。
例: 背景に木があり、被写体の目元から枝葉が出てくるような構図。

④— カメラマンが指示を出さない

カメラマンが被写体に、動きや表情、視線の指示出しや、リクエストをするのが大切です。まず、自分で動き方や表情などを再現して、モデルに見せてあげて、動き方を伝えよう。

⑤— カメラマンの表情が硬い

表情が硬く打ち解けにくかったり、撮影が上手くいかなくて困った顔をしたりすると、被写体や場の空気を不安にさせてしまいます。上手くいかない場合も絶対に笑顔でいるように心がけましょう。撮影現場では雰囲気が非常に大事です。カメラマンの表情が被写体に鏡のように映るので、リラックスして楽しい雰囲気を作ることが必須です。ただし、シリアスなシーンの撮影の場合は、カメラマンがトーンを合わせてあげることも大切。作りたい動画の雰囲気に合わせて、対応しましょう。

Lesson 16 動画の天敵！手ブレをなくすための5つのコツ

動画はとにかく違和感をなくすことが重要。手ブレはやってしまいがちな失敗である上に、違和感になってしまうので要注意！

手ブレ防止のルール

① スマホカメラのレンズを綺麗にする
② 最新のiPhoneを使う
③ カメラの設定は4K60fpsで撮る
④ 体全体を使って撮影する
⑤ 2倍以上のズームは固定の時だけ使う

① スマホカメラのレンズを綺麗にする

見落としがちなんですが、撮影を始める前に必ずレンズを綺麗にしておくこと！ レンズが曇っていると、映像がブレているように見えてしまいます。これだけで動画のクオリティがアップすることもあるので、忘れずに！

② 最新のiPhoneを使う

最新であればあるほど手ブレ補正機能が優れているので、できる限り新しいものがおすすめです。動画で大切なのは、「いかに上手く撮るかよりも、いかに違和感なく見せるか」。

③ カメラの設定は4K60fpsで撮る

解像度、フレームレート（P32）を一番良い数値に設定しましょう。この設定で撮影すると記録される情報量が多いので、画面がカクカクせずなめらかで自然になります。

④ 体全体を使って撮影する

カメラを動かすときに、手だけではなく脚と腰を動かして撮影しましょう。脚をばねのように使うことを意識して！ そしてカメラを動かすときに、斜めに動かすのは絶対にダメ。基本のカメラワークは、前後・左右・上下の動きだけです（P52〜53）。

⑤ 2倍以上のズームは固定の時だけ使う

ズームを2倍以上にすると画質が低下し、手ブレも起こりやすくなるため、カメラを固定して使用するのがおすすめです。倍率が高いほど、手ブレとノイズの影響が大きくなります。一方で、0.5倍では手ブレは少ないものの、ノイズが発生しやすくなります。ズームの使用は撮影シーンに応じて選ぶことが大切です。 例えば、外で手ブレが心配な場面では、0.5倍での撮影が適しています。

倍率マトリクス表

	0.5倍	1倍	2倍
画質	△	○	△
手ブレ	○	△	×
ノイズ	×	○	×

Lesson 17 動画の倍率を決める5つの要素

◦ 動画の倍率とは

動画の倍率とは、レンズがどれだけ広い範囲を捉えることができるかを示す目安です。1倍は、標準の倍率で人間が見る自然な視野に近く、0.5倍は超広角になり、より広い範囲を捉えることができます。風景の撮影や、人物を含む周りの景色も伝えたいときなどに適しています。

動画の倍率を決める上で大事な5つのこと

① ― 暗いところでの超広角の0.5倍はノイズが入りやすい
② ― 暗いところで0.5倍を使うときは太陽マークを下げる
③ ― 超広角の0.5倍は1倍よりもブレにくい
④ ― 超広角の0.5倍のカメラワークは「固定」と「前後」でのみ使う
⑤ ― 倍率を上げると、圧縮効果が高まる

---

① ― 暗いところでの超広角の0.5倍はノイズが入りやすい

◦ 0.5倍　　　　　　　　◦ 1倍

室内や夜などの暗いシーン を0.5倍で撮影すると、ノイズが入りやすい。

②― 暗いところで 0.5倍を使うときは 太陽マークを下げる

暗い場所で0.5倍を使いたい場合、AE/AFロックの「太陽マーク」を下げて明るさを調整することで、きれいに撮影できます。シャドウを潰すことで、ノイズを目立たなくするのです。

③― 超広角の0.5倍は1倍よりもブレにくい

0.5倍はブレにくいため、スポーツや動物、歩きながら撮るシーンなど動きが多いときにおすすめです。

④― 広角の0.5倍のカメラワークは「固定」と「前後」でのみ使う

0.5倍は、画面の四隅や端が歪みやすいので、使うときには注意が必要。暗いところでは、なるべく横移動のカメラワークのパンはさけましょう。0.5倍は「フィックス」や「トラック」に限定して使うのがおすすめです。

⑤― 倍率を上げると、圧縮効果が高まる

倍率を上げて撮ると、被写体と背景の奥行きが縮まります。例えば、背景の遠くにある山が実際より被写体に近く迫って見えたことはありませんか？ その遠近感が弱まる現象を「圧縮効果」とよび、迫力ある映像になります。

対談　たけち×コミュニティマネージャー加納裕也

たけちが主催するオンラインサロン「TAZUNA」は、襷（タスキ）＋絆（キズナ）に由来し、その名の通り横同士の繋がりが深いサロンです。「動画が上手くなりたい！」「動画制作で収入を得たい」、「インフルエンサーとして活躍したい」など、動画制作を通して、それぞれの情報交換ができるよう2021年に設立されました。この4年の間で、サロン入会者数は400人を超え、今もなおメンバーが増え続けています。この「TAZUNA」について、たけちとコミュニティマネージャーの加納裕也さんに語ってもらいました。

Profile

加納裕也
KANO (kanoo0o0)

TAZUNAコミュニティマネージャー

新卒でベトナムの旅行会社に入社後、半年で日本に帰国しフリーランスに転身。たけちと共に写真・映像制作をスタート。動画の撮り方をSNSで発信し、Instagramは1年でフォロワー1万人に到達。2024年現在、総フォロワーは20万人を超える。現在はセミナー講師や高校生に動画を教えるなど活動は多岐にわたる。

「TAZUNA設立について」

たけち　大学を卒業してからイベント団体の学生コミュニティを運営をしていのですが、2020年に海外の動画クリエイターさんの作品を見て、僕も動画をやりたいと思いました。YouTubeやSNSから独学で学んで動画を作りながら、自分より伸びている動画クリエイターさんから学ぼうとその人のオンラインサロンに入り、コミュニティマネージャーとして活動していました。それからTikTok投稿し始めると、あっという間に登録者が増えて、いわゆる〝バズった〟んだよね。

加納　僕はたけちさんがイベント団体で学生コミュニティを運営してきたオフラインでの経験と、人気動画クリエイターのオンラインサロンで培ったコミュニケーションスキルを活かして、動画をやると聞いて一緒に始めることにしました。

たけち　懐かしいね（笑）。コミュニケーションの体験を活かして、自分でやってみよう！と加納君にスタッフに入ってもらい2021年10月10日に「TAZUNA」を設立することになったんだよね。

加納　最初は全然人もお金も集まらなくて、SNSの投稿を繰り返しながらバイトで食いつないでいましたよね（笑）。

たけち　最初は動画の撮り方も手探りだし、投稿しても全然閲覧数伸びなかったな。僕らも急に成功したわけじゃなく、TikTokやYouTubeは伸びずにアカウントを閉じたこともあったね。でも、独学で動画を始めた経験からわかったことは、やっぱり上手い人から教えてもらったほうが速く上手くなれるってこと！サロンを設立して仲間が増えていくのは嬉しかったね。

加納　僕もその当時は、旅館や焼肉屋でバイトをしながらで。やっと月5万円ぐらい動画の仕事がもらえるようになったのが嬉しくて、頑張ってやりくりしていました！

たけち　バイトしつつ、朝から晩まで、動画のことを考えて撮影して、試行錯誤を繰り返しながら、今に至るって感じだよね。これまでの苦労や紆余曲折を知っているのは加納君だけだね。

加納　たけちさん、初めてバズった動画覚えてます？ひまわり畑で、物干し竿で撮影した動画！800万再生ぐらい伸びて、なぜかカンボジアでいっきに伸びて、数千人から30万人にフォロワーがいっきに増えてビックリしましたよね！

たけち　覚えてる！もう一通りひまわり畑を撮影して帰ろうか？ってときに撮影した、物干し竿使っている裏側の動画だよね。あの〝バズる〟感覚って初めてのことでなんとも言えない感情が湧いたよ。1日でフォロワーが1万人増えたり、急上昇でフォロワー数ランキング入りしたのを覚えている。今振り返れば、誰もやっていない撮り方と目新しさが受けたんだね。

加納　日常にあるものを使った驚きのある動画が、東南アジアで流行っていたようで、ちょうどそれにハマったんですよね。それをあとで知って、ラッキーなことが起きた！と興奮しましたよね。

「TAZUNAの魅力」

加納 「TAZUNA」は横の繋がりができやすくて、全国各地で行われる撮影会やオフ会もあって。そこに、主催者のたけちさんが出向いて交流することもできるのが魅力。そして、旅系、料理系などジャンル別にゲストを呼んで、その動画制作やSNS運用、マネタイズのノウハウを教えてもらえることが、他のサロンとの違いだと思います。

たけち 発信の更新頻度も多いし、月2,980円（2024年12月現在）でこれだけの情報が提供されて、仲間もできるってかなりコスパが良いと思う。オンラインもオフラインも両立している。特にオフラインに強い「オンラインサロン」ってちょっと面白いし、絶対上達が速いはず！

加納 仲間ができると、情報交換ができたり一緒に撮影したりと、楽しく上達できますし、普段は接点の持てないような色々な方と交流ができるので、動画についてだけじゃない刺激をもらうこともあります。

たけち 方向性は「スマホひとつで動画を素敵に」がテーマ。0から始めて、年齢も環境も関係なく、スマホさえ持っていればみんな上達しますよ、ということを広めていきたいよね。あと、動画を仕事としてやっていくようになれば、ひとりで解決できないことを相談できたり、メンタルが落ちたときなんかに支えてくれる仲間がいるのは心強い！ 一緒に撮影できる仲間を見つけてもらって、今後の人生の幸福度を上げてもらうツールにしてもらえたら嬉しいな。

加納 行動が大切なので、この本を読んで興味を持ってトライしながら、「TAZUNA」に入って、一緒に撮影に行きましょう！ この本をきっかけに行動に繋げてください。それが、動画が上達する近道です。

TAZUNA

TAZUNAは、初心者から経験者まで、誰もが楽しみながらスキルを磨き、仲間とつながれるオンラインサロンです。スマホでの動画・写真撮影を基礎から学びたい方も、SNSでの発信力を高めたい方もいます！ 全国から参加している170名以上のメンバーと一緒に成長できる場で、月2回のオンライン講義やオフラインでの撮影会を通じ、初心者でも気軽に学べる環境を提供しています。また、オンライン講義では毎回異なるテーマでのレッスンや、質問タイムがあり、基礎から応用まで楽しく学べます。実際の撮影会では、動画好きな仲間たちとリアルな場で交流し、撮影テクニックを楽しくシェアしています。

スマホ1台でバズり動画作ります!

Chapter 03

バズり動画を作るための動画編集知識

ここでは、「バズり動画」になるための動画編集の方法を解説します。「バズり動画」は、いかに「違和感」を消して、「驚き」のある動画にするかが大事です。また、本書では初心者の方が使いやすくて便利な編集アプリの「CapCut」で解説していますが、商用利用はNG。もしお仕事などで使う場合は、商用利用OKのものをお使いください。使い方や編集のコツは基本的には同じなので、最初は一緒に「CapCut」で練習してみましょう♪

Edit 01 動画編集の基本の6ステップ

動画編集は難しくない！

動画編集って聞くと難しそうに考えてしまいがちですが、ステップにわけて考えると意外と難しくないんです。ここでは、動画編集アプリ「CapCut」を使用して動画を作るステップを紹介していきます。

たけちポイント
動画や写真は、使用したいものに「♡」マークでマーキングしておくと、後の編集の際に選びやすいです。

①── 読み込む
動画編集アプリ「CapCut」に撮影した素材を読み込む
→P72

②── カット
読み込んだ素材からいらないシーンをカットする
→P75

③── 速度調整
いらないシーンをカットしたら動画の速度を調整する
→P78

④── テロップ
動画にテキストを載せる
→P80

⑤── BGM
動画に音楽をつけて雰囲気をアップさせる
→P83

⑥── 色調整
動画の色味を調整して雰囲気をよりよくする
→P89

Edit
02 基本のCapCut

◦ CapCutとは

「CapCut」は、スマホで手軽に動画編集できるアプリで、多機能かつ使いやすさが魅力です。初心者には、使いやすくておすすめ。商用利用はNGなので、その場合は別の編集アプリを使っていますが、基本的に使い方は一緒。僕も最初はこの「CapCut」から始めたので、ぜひ使いこなせるようにしましょう。

「CapCut」の主な特徴

① 簡単操作の編集画面
スマホで直感的に操作できるので初心者にも優しい！ 簡単に動画編集ができます。

② 多彩な編集機能
カット編集、分割、スローモーション、逆再生、ズーム、速度調整など、基本的な動画編集機能が揃っています。

③ 旬なフィルターやエフェクトも！
InstagramやTikTokで流行しているフィルターやエフェクトを使用して、旬な動画を仕上げることもできます。

④ 音楽と音声編集
アプリ内で無料の音楽ライブラリを利用してBGMを追加できます。また、効果音の挿入も可能です。

⑤ テロップやスタンプの追加
動画にテキストを追加できたり、スタンプや絵文字を使って楽しい演出ができたりします。

⑥ 高解像度でのエクスポート
編集した動画は、最大4Kの解像度で保存できます。ソーシャルメディアへの共有もとても簡単です。

Edit 03 「CapCut」を触ってみよう！

まずは触って慣れてみて！

動画編集アプリ「CapCut」をダウンロードしたら、アプリを開き、スマホに保存されている動画や写真から素材を選んでみよう！ この3章で説明に使っている動画をダウンロードできるので（P16）、実際に編集しながら一緒に進めていきましょう！

作業手順・素材を読み込む

①CapCutアプリを開く

「CapCut」を開いたら「新しいプロジェクト」をタップします。

②読み込みたい動画をタップして選択

ライブラリから使いたい動画や、写真を全て選択します。使用したい順に選択すると、編集時の並べ替え作業の短縮になります。全て選択したら右下の「追加」をタップします。

③編集画面に移動する

新しいプロジェクトが作成され、編集画面が表示されます。

「CapCut」の編集画面の役割を覚えよう

○ 編集画面を見てみよう！

素材を読み込んだら、いよいよ編集画面で動画を編集していきます。まずは「CapCut」の基本の編集画面の、それぞれの名称と役割を覚えましょう！

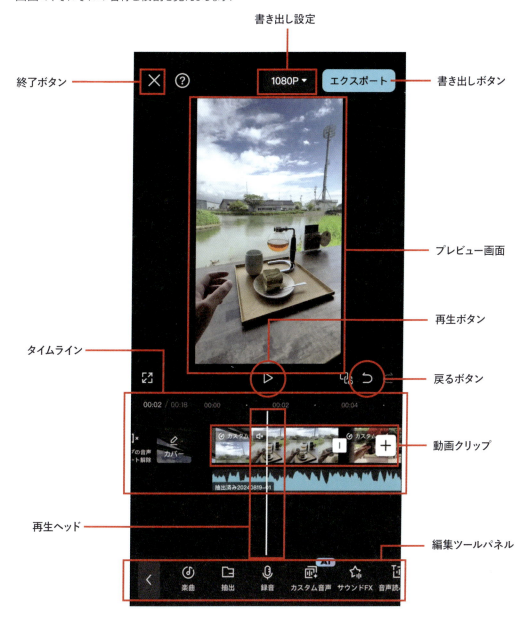

①―プレビュー画面

編集中の動画を確認できるところ。

編集した動画を再生して確認したいときは「再生ボタン」をタップ。操作をやり直して前の状態に戻りたいときは「戻るボタン」をタップします。

再生 / 戻る

②―タイムライン

動画やテキストやBGMなどの素材を並べて編集ができるところ。素材は「クリップ」と呼ばれる帯で表示され、白い棒状の「再生ヘッド」が編集の開始位置を示します。動画クリップをタップすると編集することができます。

タイムライン / 動画クリップ / 再生ヘッド

③―編集ツールパネル

編集に使う機能ボタンのラインナップです。動画をカットしたり、色・音・速度を調整するボタンもここに並んでいて、右にスライドするとさらに項目が出てきます。

いらないシーンをカットする

◦ 編集の第一歩目!

動画編集していく際に、まず始めにすることは「カット」編集です。手ブレしていたり、ボケていたり、撮り始めなど不要なシーンを削除することで、完成度が上がります。

作業手順1 ◦ 素材を分割して削除する

①カットしたい位置で分割する

編集したい動画クリップを選択したら、区切りたい部分に再生ヘッドを合わせます。

②クリップが2つに分割される

ツールパネルから「分割」をタップ。動画クリップが削除したい部分と必要な部分の2つに分割されます。

③いらない部分を選択

②で分割されたうちの、削除したい動画クリップを選択したら、「削除」をタップします。いらないシーンはこの①〜③を繰り返してカットします。

Point
たけちポイント

カットの方法は2つあります。ひとつはこのページで紹介する「分割してカットする」方法。もうひとつは、次頁で紹介している「素材を縮めて必要なものを残す」方法です。シーンや動画に合わせて使いわけてみましょう。

作業手順2　「縮めて必要な部分を残す」

①区切りたい位置に
再生ヘッドを移動

編集したい動画クリップを選択したら、区切りたい位置に再生ヘッドを合わせます。

②尺を縮めて
不要部分を削除する

カットしたいほうの白いフレームをタップしながら、縮めたいところまでスライドさせます。尺が短くなって不要な部分がカットされます。

> **Point　たけちポイント**
>
> 動画全体の秒数をだいたい15秒ぐらいと決めて、テンポの速いものだと1クリップ0.5〜1秒、内容をしっかり伝えたい場合は1クリップ3〜5秒で調整することもあります。

「CapCut」既存のトランジション

僕が使うおすすめ機能

トランジションはシーンの切り替えをスムーズにさせる機能です。アプリでのこの機能は、ほとんど使用しないのがたたち流ですが、「ミックス」という機能だけ使用することがあるのでピックアップします！ミックスでは、切り替わりの前後のカットが重なり合うので、自然に見えます。トランジション機能はたくさんありますが、むやみに使用するとかえって見づらいものになります。シーンによって効果的に使い分けましょう。

作業手順 ・トランジション「ミックス」

①フレームをタップ

動画クリップと動画クリップの間にある白い四角をタップします。

②画面をタップ

「オーバーレイ」のタブをタップ、その中の「ミックス」をタップします。（または、検索で「ミックス」と入力）。

③秒数を調整する

ミックスする秒数を目盛で調整します（0.1秒くらいがおすすめです）。

Edit 07 動画の速度を調整する

○ 速度がクオリティの肝！

動画の速度を調整すると、繋ぎ目の違和感を消すことができて、驚きのある動画に仕上がります。ポイントは、トランジションの前後のカットのスピードを上げること。繋ぎ目のカットの動きが一体化されて見えるので、動画が自然に見えます。

作業手順 ○ 速度調整

①速度調整するタイミングを選ぶ

トランジションの前の動画クリップをタップ。タップしたら下のタブに出てくる「速度」をタップします。

②速度調整の種類を選ぶ

下のタブの「曲線」をタップします。

③カスタムを選んで自分で調整する

「カスタム」をタップします。

④トランジションの前のカットの最後の速度を調整する

○(ビート)を上に動かして、トランジションの前のカットの最後で、少しだけ速度を上げます。(1.1〜1.2倍推奨)

⑤トランジションの後のカットの最初の速度を調整する

トランジションの後のカットの始まりで、少しだけ速度を上げます。これが、トランジションの繋がりがスムーズになるコツ！（1.1〜1.2倍推奨）

⑥速度調整をより細かくする

○(ビート)を好きな位置にして追加して、より細かく速度調整をすることもできます！

⑦速度調整をアレンジする

動画によっては、速度をかなり速めたり、逆にスローにしたりして、印象的にすることもできます。

Edit 08 テロップを動画に入れてみる

情報をプラスするポイント

動画編集がまとまったら、テロップ入れに挑戦してみよう！タイトルを入れてみたり、場所やものの名称や日時や金額、人物だったらその人の魅力や発信したいことなどを入れたりすることで、再生回数を伸ばすことができます！

作業手順 ・テロップ入れ

①テキストを入れる位置を決める

テキストを入れたい位置に再生ヘッドを移動させて、下のバーから「テキスト」をタップします。

②追加する枠を出す

次に「テキストを追加」をタップすると、次の画面にテキスト入力できる枠が出てきます。

③テキストを入力する

入れたいテキストを入力してみましょう。

④フォントの種類を選ぶ

テキスト入力欄の下にある「フォント」をタップして、フォントの種類を選びます。

⑤テキストの色を選ぶ

「スタイル」をタップして、テキストの色を選ぶことができます。
丸にある規定の色だけでなく、カラーパレットから選ぶこともできます。

⑥テキストサイズを調整する

プレビュー画面に表示されたテキストをタップして、指でサイズを調整します。大きさが決まったらチェックボタンをタップして入力完了です。

⑦テキストの表示時間を設定する

オレンジ色帯＝テキストクリップを選択し、前と後ろの白いフレームで長さを調整して、テキストの表示時間を設定します。オレンジ帯自体をタップしたまま、左右に移動させると帯ごと移動します。

> **Point**
> たけちポイント
> テロップを入れるときは、見やすいように上下左右に余白を取っておこう！

⑧細かい設定を操作する場合

「スタイル」をタップすると、細かな設定が可能。「シャドウ」は、文字に影をつけて、読みやすくできます。「背景画像」は、後ろに背景のボックスを敷くことができます。「スペース」は、文字間や行間のスペースを調整したり、縦書きにしたりできます。

⑨文字に動きをつける

「アニメーション」で、文字に動きをつけることができます。

センスのいいテキストの入れ方

① あまりキラキラさせず、シンプルなテキストにすること
② 世界観重視の動画の場合は、テキストを入れないのもあり

> **Point**
> たけちポイント
> 僕の映像作品は基本はテキストを入れないスタイル。でも写真の撮り方・動画の撮り方などの、解説動画ではテキストを入れています。
> グルメ動画なら情報をテキストで入れたほうが親切だし、風景動画なら世界観に引き込みたいからテキストは入れないほうがいいなって僕は考えています。こんな風に、動画の方向性や内容などで自分なりの考えで、入れたり入れなかったりと調整してみてください！

Edit 09 | BGMを入れてみよう

◦ 世界観のポイントはBGM

動画の雰囲気に合わせてBGMを選ぶことで、とても印象的でドラマチックな動画に仕上がります。トレンドの曲を選ぶことで閲覧数が増えることもあるので、BGMは動画にとって大事な要素！

作業手順1 ◦ アプリ内のBGMを追加する

①オーディオを選択

BGMを入れたい位置に再生ヘッドを合わせて、ツールパネルの「オーディオ」をタップします。

②「楽曲」をタップ

いろんなジャンルの中から、好きなものを選びましょう。

たけちポイント / **Point**

自分のInstagramのアカウントをプロアカウントにして、プロフェッショナルダッシュボードをタップすると「トレンド中の音楽」が出てきます。そこから選ぶと、ランキングで音楽が出てくるのでおすすめです。

作業手順2 ・音量を設定する

> **Point たけちポイント**
> 動画イメージに合うリズムやテンポ、人気のBGMなどを考えて選んでいます。

①音量を選択

オーディオの帯をタップして、ツールパネルの「音量」をタップ。

②バーでボリュームを調整する。

「音量」をタップ。

作業手順3 ・BGMの長さを調整する

①動画の長さとBGMの長さを合わせる

BGMクリップを選択して、白いフレームをタップ。動画クリップと同じ長さまで縮めます。

②フェードアウトで音量を小さくする

「フェード」をタップして、「フェードアウトの長さ」を調整すると、BGMが段々小さくなって音がブツッと突然切れず、自然な終わり方になります。再生ボタンで試聴して音量を確認したら、チェックボタンをタップして確定させます。

Edit 10 再生回数を上げるBGMの選び方

○ バズるために絶対必要

BGMは、動画の雰囲気や世界観などをより盛り上げて伝えてくれるツールなので、動画にとって大切な要素。バズる動画を作るには、BGM選びと音をハメることが何よりのポイントです。

作業手順　○ Instagramで曲を選ぼう

①Instagramにアップする動画を書き出す

「CapCut」画面の「エクスポート」をタップして書き出します。

②Instagramへアップする

「エクスポート」をタップしたら、「シェアの準備ができました」というメッセージが表示されます。表示されたら「Instagram」のアイコンをタップします。

③投稿の種類をタップする

「Instagram」のアイコンをタップすると、「ストーリーズ」「リール」「メッセージ」が表示されるので、「リール」をタップしてください。

④Instagramで人気の曲を選ぶ場合

「リール」作成画面に移動したら、「♬」マークをタップすると選曲することができます。「おすすめ」や「ニューリリース」を選ぶとトレンドの曲を選ぶことができます。

⑤自分でミュージック検索する場合

Instagramのリール動画作成する際に、動画にBGMをつける場合、「♫」マークをタップすると「ミュージックを検索」というところに曲名や歌手名を入れて検索ができます。

> **Point たけちポイント**
>
> 動画のテンポがスローなら曲調もスローな曲を選びましょう。またシーン切り替えのタイミング（トランジション）で、曲調が変わるものを選ぶことが選曲のポイントです！
> 例えば、ベトナム案件の動画制作のときだと、先にネットでベトナムの人気曲ランキングを検索して候補の曲を選んでおいて、Instagramのリール動画作成のときに「ミュージックを検索」に入れて曲を探しました。

音ハメの重要性

そもそも「音ハメ」とは、音楽のリズムに合わせて映像をなめらかに切り替えたり、動画のストーリー性と音の緩急のタイミングをハメるという編集テクニックのことです。音ハメをすると、音の切り替わりやテンポが自然と合うので心地よく感じます。逆に、音が切り替わるところで動画が切り替わらないと、違和感の原因に。音の大小や音楽の盛り上がりなどにも意識しましょう。

作業手順　動画に音ハメする

①動画と曲を合わせる

オーディオの帯を選択して「ビート」をタップします。

②動画と曲のタイミングを合わせる

「自動生成」の丸をタップした後、右下のチェックマークをタップします。すると、ビートの変わり目の目印が黄色い点で打たれます。

③動画クリップの長さを調整する

音楽の波形に、黄色い点が打たれたら、この点に合わせて動画クリップの長さを調整します。

> **Point**
> **たけちポイント**
> 音楽のサビに入る前だと、感覚的に次から盛り上がりそう！と期待が高まります。なので、その盛り上がりに合わせてトランジションの繋ぎ目を持ってきましょう。

○ 動画に合ったBGMの選定方法

動画に使用するBGMの設定方法がわかったら、次はバズる動画にするために、動画のメッセージ性を高めるような効果的な選曲について解説します！動画のテーマやターゲット層に合わせてBGMを選び、映像のリズムやテンポに調和させることが選曲の秘訣です。

①―流行りの音源から選ぼう

流行りの音源から選曲すると、耳馴染みがあるので見てもらえる確率が上がります。

②―Instagramのハッシュタグでリサーチ

例えば、夕日、ホテル、国名など、動画の中で主張したいもののワードを検索してみると、動画イメージにハマる音楽が見つけやすいです。

③―動画イメージとBGMが合っているかが鍵

聞いたときに「動画の世界観を思い浮かべることができるか」を意識して、曲と動画のイメージがかけ離れないように。

④―動画の編集段階で音ハメを意識する

動画がガラリと切り替わるタイミングで音をハメると、動画にメリハリとリズムが生まれます。

Edit 11 動画にアフレコを入れる

自分の声を使う「アフレコ」

「CapCut」は、自分の声を録音してナレーションとして活用することができます。解説系やVlog系の方たちがよく使っている手法です。

作業手順 ・アフレコの入れ方

① 「オーディオ」を選択

アフレコを入れたい位置に再生ヘッドを合わせて、ツールパネルの「オーディオ」をタップします。

② 「録音」をタップ

「録音」をタップして、次の画面に進みます。

③ 声を入れる

マイクマークをタップすると、「3.2.1」とカウントダウンされて録音が始まります。もう一度タップすると、録音が終了します。マイクマークを長押しでも録音可能です。

たけちポイント Point

アフレコとはアフターレコーディングのことです。動画に合わせて、何をどう話すか考えてセリフをまとめておくと収録しやすいので、先にまとめておきましょう。

Edit 12 | たけち的色調整

◦ 雰囲気を劇的に変える

色調整は、動画の雰囲気やスタイルを整えるための重要な機能です。明るさやコントラスト、シャドウなどを調整し、より魅力的なビジュアルに仕上げることができます。たけち的色調整の推奨は、「明るさ、飽和色、シャドウの3つ以外はいじらない」ことです！ 明るさ⇒飽和色⇒シャドウの順番でやってみよう。

作業手順 ◦ 色調整

①「調整」を選択

調整したい動画クリップを選択して、ツールパネルの「調整」をタップします。

Point

たけちポイント

明るすぎると白っぽくなってしまうので、動画を再生しながら調整しよう！

②「明るさ」を選択

「明るさ」をタップして、ちょうどいい明るさを探ります。暗いと感じる場合は調整バーを右にスライドして明るく、明るいと感じる場合は左にスライドして暗くします。

③「飽和色」を選択

「飽和色」の調整バーを上げて色に深みを出します（初心者は0〜20までが推奨数値）。

Point

たけちポイント

慣れてきたら、色味を見ながら「−20ぐらい」までを目安に調整してみよう！

④「シャドウ」を選択

「シャドウ」の調整バーを下げて陰影をつけます（初心者は±20までが推奨数値）。

Edit 13　特殊な編集：オーバーレイ

◦ オーバーレイとは

オーバーレイとは、動画の上に、また別の動画を重ねることです。クロマキー（P92）やマスク（P94）を使うときに、この工程が必要です。

作業手順　◦ オーバーレイ

完成動画はこちらから！

①重ねたいカットを選ぶ

重ねたい動画クリップをタップして、「オーバーレイ」をタップします。

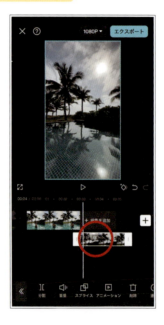

②2段に分かれる

選択した素材が下段へ移動します。

③動画を合わせる

合わせたい位置にスライドして動かします。（クロマキーやマスクの作業はP92〜96へ続きます。）

たけちポイント

オーバーレイを使うと、1つの動画の中に自分を複数出すことができるので、まるで分身したようなトリック動画を作ることができます！

Edit 14 | 特殊な編集：スタンプ

○スタンプとは

動画内にいろんなスタンプを入れてデコレーションができる機能です。例えば解説動画を作るときなどに、丸や矢印のスタンプを使うとわかりやすい動画になります。

作業手順 ○スタンプ

①スタンプを選ぶ画面へ

スタンプを入れたいところに再生バーを合わせて、編集ツールパネルの「スタンプ」をタップします。

②スタンプを選ぶ

色々なカテゴリー、色々な種類のステッカーがあるので、使用したいものを選択します。

たけちポイント

例えば、指先のスタンプを使うことで視線を誘導し、注目させることができたり、「SHARE」のスタンプで保存を促したりすることができます。

Edit 15 特殊な編集：クロマキー

・クロマキーとは

先にオーバーレイ（P90）をしてからクロマキー編集をします。特定の色（グリーンや紫）の色を抜いて透明にし、そこに別の背景を合成する技術です。なので、クロマキーに使うグリーンや紫の色と、被写体の服や他の背景の色が重ならないようにしましょう。

作業手順 ・クロマキー

完成動画はこちらから！

①素材を読み込む

グリーンが映っている素材をタップします。

②オーバーレイにする

グリーンの映っている動画クリップを、オーバーレイ（P90）にします。

③合成したい背景を合わせる

合成したい背景に重ねる動画クリップを、必要な場所に持ってきます。

④再生ヘッドを合わせる

再生ヘッドの位置にグリーンが映っているところを合わせます。

⑤クロマキーを選ぶ

背景削除を選んで、クロマキーを選択します。

⑥輪っかを合わせる

表示された輪っかをグリーンのところに合わせます。

⑦数値を調整する

重ねた動画クリップがきれいに見えるように、グリーンがなくなるまで、「濃度」や「シャドウ」の数値を調整します。

⑧合成完成！

本書のグリーンと紫のページの出番です！ 本書のグリーン（または紫）のページを開いて持っているところを撮影すると、上記と同じクロマキー編集に使えます。スマホが1台しかない場合が多いと思うので、このようにグリーンの紙を使って本や写真フレームなどに応用するのもおすすめです！

Edit 16 特殊な編集：マスク

マスクとは

先にオーバーレイ（P90）をしてからマスク編集をします。動画の一部を分割、または隠して別の動画を合成する技術で、驚きのある動画になります。

作業手順 ・マスク

完成動画はこちらから！

①素材を読み込み

素材を読み込んだら、オーバーレイをタップします。

②オーバーレイにする

マスクをかけたい動画をオーバーレイ（P90）にします。

③合成する

合成したい位置に重ねます。

④マスクを選択

「マスク」をタップします。

⑤マスクの
　種類を選択

かけたいマスクを下
のバーから選択しま
す。ここでは「水平」を
タップします。

⑥水平線が出る

水平な黄色の線が現
れます。

⑦水平線を
　縦にする

二本指で、横の黄色
い線を回転・移動さ
せ、縦にします。

⑧水辺線を縦にする
　もうひとつの方法

線を回転・移動させ
るもう1つの方法で
す。「水平」をタップ
します。

⑨回転させる

「回転」のタブをタップして、目盛を動かすと、線が回転します。

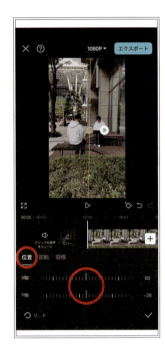

⑩位置を調整する

「位置」のタブをタップして、目盛を動かすと、位置を調整できます。

⑪合成完成！

右と左で、両方のカットが合成されました。

⑫ぼかしを調整する

「羽根」のタブをタップして、目盛を動かすと、ぼかし具合を調整できます。

Edit 17 | 作った動画を書き出してみよう

◦ 最後の作業！

ここまできたら、あとは「エクスポート」で書き出すだけです！スマホが容量不足だと、書き出しが途中で失敗する可能性があるので、書き出す前にストレージのあき容量を確認しよう。

Point

たけちポイント

書き出す前に、編集した動画を最終確認しておくと、二度手間になりません。CapCutの場合、書き出しが完了したらそのままTikTokやInstagram、Facebookへの投稿をすることもできます！

作業手順 ◦完成した動画をエクスポートする

①画面右上の
「エクスポート」を
タップします。

②書き出すときの
解像度は、1080P、
フレームレートは
30fpsに設定します。

③エクスポート
（保存）します。

④カメラロールに
保存完了！

Edit 18 できた動画に違和感を感じたとき

違和感を消す

動画編集していて、どこか違和感を感じる仕上がりになったときは、以下のことをチェックしてみてください。ここに気をつければ仕上がりは各段に違ってきます。

違和感を感じる理由

① 動画とBGMが合っていない
② 良い素材の秒数が短く、悪い素材を多く見せている
③ 画角やアングルが変わらない（寄りと引きを意識していない）
④ 編集アプリのトランジションは基本的に使わない
⑤ テロップが自己流で見にくい

① 動画とBGMが合っていない

BGMがカットのタイミングや、動画のテーマ・雰囲気に合っていなかったり、動画が音楽のリズムやテンポに合っていない、いわゆる「音がハマっていない状態」になると、動画全体の流れが悪くなります。視覚と聴覚のズレは、違和感の原因になるので要注意！

② 良い素材の秒数が短く、悪い素材を多く見せている

魅力的でないシーンが長く続くと、見ている人の興味は薄れがちになります。クオリティの高いシーンをしっかりと目立たせ、見せたい部分を引き立たせる。そして不要な部分をきっちりカットする編集が大切です。

③ 画角やアングルが変わらない（寄りと引きを意識してない）

同じ画角やアングルが続くと、映像が単調になります。近くを見せるカット（寄り）や、全体の雰囲気を捉えるカット（引き）をバランス良く組み合わせることが、映像に動きが出るポイントです。

④ 編集アプリのトランジションは基本的に使わない

トランジションは映像に変化や流れを与えるために使用されますが、編集アプリのトランジションは、つくられたトランジションなので、映像の流れや個性にあった自然な動画になりづらいのです。

⑤ テロップが自己流で見にくい

テロップは視覚的な情報をフォローする重要な役割ですが、配置やフォントやサイズ、色などを意図なく入れると視覚的な統一感が失われ、かえって画面が見づらく散漫な印象になります。

Edit 19 | 動画も盛る時代！

○ 加工のコツ

今やプリクラや写真は加工して盛るのが当たり前。動画も、これからは「盛れる加工の編集技術」が必要になってきます。ですが、ひとたび加工し出すとやりすぎてしまうこともあるので、ちょうど良い加減の加工について説明していきます。

① ― 加工で気をつける基本

○ やりすぎない
加工をしすぎると違和感が出ます。「気づかれないぐらいがベスト！」という感覚を常に持って編集しましょう。

○ 背景を壊さない
加工しすぎると背景が歪むので、要注意！ フィルターなどの色味を使うときも、違和感のない範囲で使用しましょう。

② ―「CapCut」を使用する場合

○「補正」
「補正」機能で、顔の細部や体の加工も可能です。加工のバランスを調整できるので、ちょうど良い加工量にしましょう！

○「調整」
「調整」はより細かく色味を設定できますが、数値をいじりすぎないようにしよう。（おすすめの数値の範囲は－10〜＋10）

作業手順　○ 脚を長くする

① 加工したい動画クリップを選ぶ

加工したい動画クリップを選び、「補正」をタップします。

②「身体」をタップ

下のバーから「身体」をタップします。

③「脚」をタップ

下のバーから「脚」をタップして、目盛を調整すると、脚を長く自然に見せることができます。被写体や背景が歪んでしまったり、バランスに違和感が出ないように注意！

作業手順 ・顔を小さくする

①加工したい動画クリップを選ぶ

加工したい動画クリップをタップして、「補正」をタップします。

②「顔」をタップ

「編集」→「補正」→「顔」をタップします。

NG Point
たけち'ポイント

加工しすぎると不自然な顔になり、その不自然さにしか視線がいかなくなります。

③顔のサイズを調整する

「リシェイプ」→「スリム」をタップして、目盛を調整します。

作業手順 ・肌のトーンを上げる

①肌を白くする

「補正」→「顔」→「美白」で目盛りを調整すると肌全体を白くすることができます。肌が白くなると陰影が軽減されて、雰囲気も明るくなります。

作業手順 ・肌を綺麗にする

①肌をなめらかにする

「補正」→「顔」→「美肌」で目盛りを調整するとテクスチャーがなめらかになり肌を綺麗に見せることができます。シミやニキビなどの気になる部分も隠せます。

作業手順 ・目を大きくする

①目のサイズを調整する

「補正」→「顔」→「リシェイプ」→「目」→「サイズ」で、目盛りを調整します。顔とのバランスを考えて、違和感がない程度に抑えましょう。

Edit 20 動画の尺とカット数について4つの考え方

・尺とカット数

動画制作における「尺」と「カット数」は、映像のテンポやリズムを決定し、視聴者を離脱させないための重要な要素です。ここでは、効果的な動画編集のために押さえておきたい「尺」と「カット数」の関係性を知り、編集の基礎知識をブラッシュアップさせましょう。

テンポのよい尺とカット

① 1カットごとの秒数は1秒〜2秒が基本
② 1つの動画に3〜5カット以上あると◎
③ 1動画、20秒前後がベスト
④ スポット紹介系は最低30カット

---

① 1カットごとの秒数は1秒〜2秒が基本

1〜2秒で使用する場合でも長めに撮影しておきましょう。最後のキラーカットは印象的にするために4〜5秒のものもあります。SNSなどでいいなと思った動画を、画面収録して秒数を調べるのも参考になります。

② 1つの動画に3〜5カットあると◎

ひとつの動画は、3から5カット以上にまとめるとベスト。そして撮影の裏側を入れるとバズりやすくなる傾向があります。例えば「本編5カット、裏側5カット」で構成して、合計30秒ぐらいにすることも。裏側のシーンを最初に持ってくる編集パターンも、バズりやすいのでおすすめです。

③ 1動画、20秒前後がベスト

ひとつの動画は20秒前後にまとめよう。本編と撮影の裏側を見せる編集の場合にも、飽きずに見てもらえるベストな尺になります。でも動画の内容やテンポによって、もっと長いものや短いものもあるので、この長さは目安として覚えておきましょう。

④ スポット紹介系は最低30カット

1秒×30カットで30秒ぐらいの動画になるようにまとめよう。長くなる分、寄りや引きを使って、食べ物、外観、内観などストーリー性を持たせることを意識しましょう。

Point たけちポイント

僕は、1カット1秒しか流れないカットにも最低15分かけて撮影をしています。動画はひとコマひとコマが勝負なので、この1カットの撮影を丁寧に妥協しないことを念頭においてください!

Edit 21 たけち的ジャンル別 鉄板撮影・編集テク

○ 再生回数を爆上げするなら

動画撮影には、料理や旅行といったジャンルごとにそれぞれ撮影テクニックがあります。ここでは、各ジャンルに特化した撮影のコツを紹介し、より効果的に動画を撮るための方法を解説していきます。

○ ジャンル1 「料理」

①—出来立てを撮る

食べ物は出来立てが、一番美味しそうに撮れる瞬間です。見るだけで「美味しそう」「今すぐ食べたい」と感じさせるような臨場感を「シズル感」と呼び、見た人の食欲を刺激することができます。このシズル感を意識しましょう。
例：淹れ立てのコーヒーの湯気、パンケーキにかかるシロップ、弾ける肉汁など

②—余計なものは映さない

動画撮影を始める前に、画面をチェックして撮りたいもの以外は映らないようにします。
例：紙ナプキンのゴミ、ストローの袋など

③—光を意識する

食べ物を撮影するときは、「光」を意識しよう。注意するポイントは2つ！

「窓際で撮る」
太陽の光を入れることできれいで美味しそうに映ります。

「逆光＋露出補正をして撮る」
逆光は立体感が出て、ふんわり柔らかい雰囲気に仕上がるので料理を撮影するときに向いています。そして、露出補正で暗いところが明るく映るように調整しましょう！

④—構図を意識する

料理を撮影する場合は、「三分割構図」(P48)、「C字構図」(P51)がベストな構図です。特に「三分割構図」は人物と一緒に配置することができるので、余白ができ空間の雰囲気まで伝えることができます！

三分割構図

三分割構図で、被写体をグリッド線が交差してるところに置くことで、画面に余白と抜け感が出ておしゃれな印象になります。

C字構図

お皿を意図的に見切れさせて、アルファベットのCに見えるように配置します。この効果で料理に視線が誘導されやすくなります。

S字構図

画面にアルファベットのSの文字を作ることで、自然に料理全体に視線が行きやすくなります。料理の盛り付けや品数など、全体を見せられる構図です。

Point

たけちポイント

三分割構図の場合は、右上に人物、右下にケーキ、左下にコーヒーの配置にするとGOOD！

テーブルの角で撮る

テーブルの角のスペースを使って真上から撮影したり、椅子や床も含めて映したりすると雰囲気が出ます。

対角線構図

2つものがある場合、対角線で斜めに配置すると立体感が出て、奥行きが出ます。

三角構図

均等なバランスになり、安定感が生まれます。また手前から奥に視線が動き奥行きも出ます。

手に持って撮る

顔出しNGや、躍動感・臨場感を出したいときはコレ！
例：ドリンクを掲げる、お箸を手に持つ、お椀を手に持つなど

> **Point**
> **たけちポイント**
> 料理そのものを手に持てない場合は、カトラリーを使って動作を入れる工夫も◎。

> **Point**
> **たけちポイント**
> 事前にお店の予約をして、撮影するメニューを決めておくと撮影がスムーズに進みます。撮影のために長時間滞在したり、騒いだりと他のお客様に迷惑をかけないよう気をつけよう！

周りの迷惑にならないように気を配ることは、最低限のマナーです。撮影NGなお店や場所も意外とあるので、くれぐれも事前に調べておくようにしましょう。

ジャンル2 「子ども」

①—逆光で撮る

光がふわっと柔らかくなるので、可愛く撮れます。夕日の時間帯を狙って！

②—被写体の目の高さにカメラを合わせる

カメラを子どもの目の高さに合わせて撮影することで、子どもの視界や世界観をよりリアルに伝えられます。

> **Point**
> **たけちポイント**
> 大人の目の高さからは撮らない。

③—自然な環境に配慮する

子どもがいつも行っている場所など、自然な遊びや日常の瞬間を撮影するように心がけよう。リラックスした状態から引き出された自然な表情を撮影すると、生き生きとした動画になります。

> **Point**
> **たけちポイント**
> 撮影の間にちょっとした遊びや質問をして、コミュニケーションを取るといい笑顔になってくれて、やって欲しいリアクションへ導けます！

④—鼻の穴が目立たない角度で撮る

下から仰ぎ見るようなアングルはNG！どんなに素敵な動画でも、鼻の穴が写っていると、どうしてもそこに目線がいってしまうので要注意です。

⑤—小道具を使う

小道具を使うことでテーマが明確になったり、印象的でストーリー性が生まれたりするので映える動画を撮ることができます。撮影中、子どもは飽きやすいので小道具を持たせてあげたりして、遊びながら撮影しましょう。

> **映えるアイテムを持ってもらうと雰囲気アップ！**
> ・帽子
> ・シャボン玉
> ・カメラ
> ・風船
> ・花びら
> ・ヘッドホン
> ・マフラー
> ・サングラス
> ・棒付きの飴
> ・スカーフ
> ・LEDライト
> ・キャップ
> ・カラフルな傘
> ・楽器
> ・風船ガム
> ・扇子
> ・和風のもの
> ・キャンドル
> ・花びら、花かんむり

ジャンル3 「旅行」

①―長すぎないように動画をコンパクトにまとめる

全体の長さは20秒前後にまとまるように、1カットは3秒以内に抑えてみて！

②―観光地ばかりを撮らず、人や風景を押さえよう

有名なスポットは、すでに撮影されている場所なので既視感があり、魅力の伝え方がありきたりになりやすいです。撮影可能な現地の人の表情や、服装などを入れると、より旅先のムードが伝わります。

③―旅先ならではのローカルな動画を撮影しよう

旅先ではその土地の独特のシーンを撮影する、さらに地元の環境音や動物の鳴き声などをサウンドとして使用すると効果的です。鳥の鳴き声、路上で演奏しているミュージシャンなど、他にも生活音も聞き流さずアンテナを張っておこう！

④―同じ場所で複数カットを撮影する！

アングルを変えて同じ場所を撮影しておくと、動画の流れに変化が出ます。旅先では撮り直しのきかない場所もあるので、僕は2台以上のスマホで撮影しています。

⑤―カメラを動かし臨場感を出して動きのあるカットを狙う

風景や建造物、街並みや現地の乗り物など、旅先の空気感を伝えるためには、ただ撮影するだけでなくカメラワークを駆使して動画に動きをつけます。カメラを動かすと手ブレやピンぼけしやすいので、カメラをしっかり固定して持ち、手だけで撮ろうとせず体を使って安定感をキープして撮影しましょう。

Point

たけちポイント

海外では現地の人と仲良くなるきっかけにもなるので、コミュニケーションを取って被写体になってもらうことも。ですが、事前に外務省や現地の大使館、旅行者向けの安全情報サイトなどで治安情報を確認し、危険とされるエリアや時間帯を調べて危険は回避するようにしましょう。

ジャンル4 「ホテル」

① ホテルの魅力が伝わる撮影ロケーションを選定

部屋、ラウンジ、レストラン、プールなど、そのホテルの魅力が伝わるロケーションのカットを盛り込むようにしよう。

② ホテルのブランディングや世界観に合う服装を心がける

自分が映り込むことも想定して、事前にホテルのHP、Instagramなどをチェックして、ブランディングや世界観、ターゲット層に合う服装を意識しましょう。

④ 他のお客様の邪魔にならない配慮を

撮影の際は、ホテル側に撮影してよい場所かを確認して、他のお客様に迷惑をかけないよう進行することを第一に考えて。お客様が動画に映り込まないように細心の注意を払い、人が少ない時間帯、映り込まない角度を工夫しましょう。

③ ターゲット層に訴求する内容に

動画を見た人に「宿泊したい」「行ってみたい」と思ってもらえるような内容にするためには、ホテルのメインのターゲット層を確認しておくことが大事。ターゲットによってクローズアップする動画内容を工夫しましょう。

⑤ キラーカットを意識して撮影する

動画の一番の盛り上がりにあたるキラーカットは、ドラマチックで感情が動くようなカットにしよう。撮影のときから意識しておくと編集しやすくなります。

対談 | たけち × 旅系動画クリエイターMaru

「2人の出会い」

Maru 2021年の秋にたけちさんからDMをもらって、「金沢のお仕事をお願いできませんか」っていう依頼を頂いたのが最初でした。もともと動画クリエイターさんとして知っていて、フォローはしていたけれど、やりとりはしていなかったですね。

たけち そうだね、僕がお手伝いしている会社から、お出かけ情報を発信しているクリエイターさんを紹介して欲しいといわれて、Maruさんに連絡したんだった！僕もMaruさんの動画を見ていて、すごいなって思っていたところがあって。まずは基本だけれど映像が綺麗。手ブレなどの違和感や不快感がなく、水平・垂直を押さえて、僕がオンラインサロンで提唱している基本が全て完成形になっていて、さらにアフレコが上手い。

Maru ありがとうございます。そういってもらえて声をかけてもらえたのは嬉しかったです。

たけち とにかくMaruさんは声がいい。一度聞いて、動画を見たときに、この人の動画だとわかる施策をどれだけ打っているかというところは大事なポイント。それでパッとMaruさんのことを思い出して、お仕事をお願いしようと思いました。

Profile

Maru
(marurincho.official)

全国旅する愛知県民。総フォロワー110万人突破。東海地方をメインに全国の〝休日に行きたい旅先〟を紹介している旅系動画クリエイター。大学卒業後、営業系の会社へ入社するも10ヶ月で退社、その後映像クリエイターの道へ。新型コロナウイルスの影響で映像系の仕事を失い、YouTubeチャンネルを設立するも、上手く伸ばせず半年間アルバイト等で生活。2020年11月からTikTokスタート、現在は東海地方をメインに観光スポット、飲食店、宿泊施設等のおでかけスポットをSNSで発信！ インフルエンサー活動と並行して名古屋でカフェの経営(cafe MARU)、株式会社らふがきでのエンタメ企画など活動の幅を広げている。

「同じ旅系だけど訴求が違う」

Maru お互いの動画は、大きくみると同じ旅というテーマだけれど、訴求ポイントは違ってる。たけちさんは旅の中で、旅を楽しむ動画の撮り方を展開していて、僕は完全に情報発信。そのスポットのいいところや、そのエリアの美味しいものを紹介している。伝える部分も違うから、旅の紹介でも、こんなやり方なんだ！と思っていました。

たけち そうだね、撮影方法も時間も編集も全然違うよね。僕の場合は、カット数は1本5カットで1カット撮るのに何十カットも撮る。しかも1カットに撮影時間15分はかけているけど、編集時間は1時間ぐらい。

Maru たけちさんは、しっかり流れの構成を組んで撮らないといけないのですが、僕は素材さえあれば作れるので、観光地に行ったら必要なカットは決めて撮って、あとはその場で臨機応変に撮る感じです。素材があれば、組み合わせ次第で1本作れますね。

たけち そう僕の場合はとりあえず撮っておいてあとで編集するってことができないから、とにかく1カット1カット考えて撮ってる分、編集は繋いで音楽を決めたら極端な話、仕上がる(笑)。

Maru 僕の特徴は観光スポットの場合、100から120カット撮影してそれをその場で編集ソフトに入れて作業します。撮影はある程度考えて撮りますが、編集時間のほうが長くて、まず尺を30秒から1分以内に抑えて、アフレコの台本を考えて入れ終わるまでにトータル2時間から3時間かかりますね。これが飲食店さんとかなら外観、内観、食事の内容を30カットぐらい撮影して、編集に取り掛かります。編集時間も1時間ぐらいで終わりますね。

Maru 僕の場合は、2020年の秋からグルメ系の動画制作を始めたんですが、今は観光スポットなどのPRがメインだから、撮影はロケが多くて、天候に左右されることも多いです。企業や飲食店、行政などのPR案件が増えてきたので、PR動画も作成して納品したりもしています。たけちさんは?

たけち 僕は2020年春からだけど、コロナの間は撮影と編集ばっかりしていて、今は日本より海外にいることが増えたかな。主な仕事は飲食店やホテルの動画の制作とPR、運用代行もあるけど、海外に旅したくて、海外のホテルへの営業も積極的にやっているよ。あとはオンラインサロンの運営だけど、オフラインで全国の生徒さんに会ったり教える仕事も楽しいんだよね。

Maru やっぱり、旅はいいですよね。僕も大学生のときから旅行にはまっています! その頃旅行の中で動画を撮る友だちがいて。GoProで撮った動画をパッと編集して音楽をつけてInstagramに上げていて、自分もやってみたいなと思って! 就職した後、パソコンとカメラを買って独学でプライベートの思い出動画を作り始めたんですよ。

たけち 本業があって、副業で動画を始めたケースだね。

Maru 友達と旅系のYouTubeやったんですが、これがまったく伸びなくて(笑)。一年やって登録者が100人ぐらい、再生回数も数十回ぐらい。YouTubeで300人ぐらいの登録者でフィットネス系の発信している人がいたんですけど、自分の体型のビフォー&アフターをTikTokに上げたら1本バズって、YouTubeの登録者が300から1万人になって! TikTokの影響力に驚きました! 当時はサラリーマンで平日5日働いていたから、週末に飲食店を5店舗回って撮影・編集して、毎日投稿する生活をしていました。かなりハードで15キロ太った(笑)!

たけち それはかなりハードだけど、それぐらい突き詰めてやらないといけないときってあると思う。

「バズる理由、フォローしてもらう理由」

たけち　副業から本業になることを目指している人、多いよね。僕は、オンラインサロンもやっているけど、それって自分で自分のライバルを増やしているように見えると思う。でも、僕の分野は、自分が100点だとしたら、80点までは1年ぐらいで誰でもいけるレベルで、それでクライアントワークもできるようになる。でも80から100までの残りの20点を上げるのが難しいところ。どうやったらそこを埋めていけるかは、センスより努力次第だと思う。

Maru　確かに、今はスマホの動画クリエイターがめちゃくちゃ増えた。僕が始めた当時は、東海エリアで旅系の発信をショート動画にしている人が自分しかいなかったから、フォロワーがすぐ増えたけど、今は伸びづらくなったと思う。レコメンドに情報がどんどん流れてくるでしょ。例えば旅だったら、旅の情報を探さなくても入ってくる。フォローする理由が昔よりなくなったっていうことです。

たけち　そうだよね。アルゴリズムとかも日々変わるし。

Maru　昔よりフォロワーを増やすことが難しくなったから、フォローしてもらう理由が必要ですよね。「誰が発信しているのか」が結構重要になってきていると思うんです。僕は声がいいと言われるけど、「聞き取りやすい声とわかりやすい言葉を使う」「硬い言葉は崩すよう」意識しています。例えばエビデンスと言われてもいまいちピンとこないと思うので、小学生でもわかるよう意識しています。

たけち　そういう施策のトライアンドエラーをずっと繰り返してるよね、僕らは。

Maru　ですよね。最近は、僕なりに考えて冒頭のアフレコを親近感のあるものにトライしています。伸びている動画には理由があるので、いったんそれを取り入れてみる。真似ようと思っても、簡単には真似られないと思うけれど、完コピを目指してもらうと、ある程度再生回るような動画が撮れるようになるので、そこから自分らしさを出していくことが大事だと思います。

たけち　再生回数を獲得したいなら、やはり、上手い人の動画をしっかり見て、取り入れて、改善して発信するということを繰り返すこと。それが大事だよね。ライバルが増えれば、それを求める企業も増えるし、市場も広がると思う。ライバルを作っているけど、ライバルと一緒にスマホ動画の市場を広めている。これからもどんどん増えるし、どう抜きん出るかで自分ももっと頑張れると思う。

Maru　あとは差別化で飲食店に特化する、ホテルに特化する、ニッチなところを狙って、それにトレンド掛けるといいと思います。今だと一人旅とか伸びやすいかな。僕の印象ですけど。

「スマホ動画クリエイターとSNSの未来」

たけち　自分より上手い人との差は何かと考えると、1本にかける手間だと思うんだよね。僕の場合、最近は旅行の片手間に撮ってる感がある。新しさがない感じ。だから何か新しいもののインプットが必要になったので、海外に旅に出る回数を増やして、背景を変えようと思った。今までのスタイルに視聴者も飽きてきて、新しいものを日本で作るか、まったく背景を変えて海外で撮るか、それでインプットする時間が取れないから、背景を変えて撮ろうと思って世界を旅しようと思ったんだよね。

Maru　次は何かしたいことあるんですか？

たけち　今は、次に何をしようか見えていないから、そういうときに日本にいたら変われないなと思って、世界一周のチケットを取った。実は旅行代は1年で600万から1,000万ぐらいかかっている（笑）！

Maru　時間やお金をどこかにギューッと集中的に投資するって、経験上わかります。インプットってクリエイターには大事なこと。僕の場合も、自分の持ち味もバズらせる方法もわかっていて、今後は旅系とかグルメ系って同じような作りで誰が発信しても同じ感じになると思うから、そこを変えないとズバ抜けないでしょ。

たけち　そうそう、上手い人のをまずはマネしてみると

いいよっていうことは、似た人がたくさん増えるってことだもんね。

Maru 僕もゴールを見つけていなくて、語り掛けるようなアフレコに変えてみたけど、これから先はまだ見えていないです。ただ今は、ライブ感のある動画が人気があるので、そちらに移行しないといけないのか、と迷いつつ、アフレコが強みなのでその2つを混ぜていこうと思っています。これまでの僕の編集は、音を全部消してアフレコと音楽を入れるのですが、最近だと、生の声や、テーマパークで楽しんでいる声、自然の音とかを使ってみようと思っています。

たけち 僕の場合は1カット1カットが勝負になってくるから、そのこだわりを大事にしつつ、あとは何をしていくのかをまずは行動して、そして気づきを得たいと思う。

「自己評価と動画偏差値」

Maru 僕はそれぞれのSNSで再生数と、視聴維持率を主に確認するようにしています。僕は基本的にショート動画1本の長さは30秒〜1分で作成していて、動画の長さに対しての視聴維持率を見て、その動画が回るのか回らないのか判断してます。

たけち 動画偏差値の自己評価は、どのぐらい?

Maru 僕は動画偏差値60ぐらいかな。

たけち え! もっと高くていいでしょ!

Maru そうですかね(笑)。今はフォロワー数だけが評価じゃでもない時代に突入して、実際フォロワーが多い人ほど、案件の相場が高くなるから、むしろ少ない人の方が取りやすかったりしますよね。情報系の動画に関してはリーチ力が大事なので、どれだけ再生回数がまわっているかが鍵です。20万フォロワーの人が10万回再生より、10万フォロワーの人が30万回再生のほうがいいわけです。フォロワー数はある程度あればいい、それに「1本バズればそれでいい」ってものでもないですよね。

たけち トータルで見ると、1本1億回再生より100本で100万回再生数なら、後者のほうがいいってこと! あとはコメント欄の重要性については侮れないと思う。「この撮り方わからなかった」とか、もらったコメントで、なんでバズったかわかるから参考にしているよ。

Maru わかります! 数字が伸びてもコメントが入らないときもあるけど、コメントがきて、そのコメントに「いいね」のハートマークが多いと、それがバズっている理由のひとつになると考えてます。

たけち 基本的にダメな発信というのは、「動画自体が最後まで見られない違和感のあるものになっている」「人のためになる情報じゃない自己満足になっている」。人のためになっているのに動画がブレていたらダメ、動画が綺麗だけど自己満足でもダメ。バズりを狙う前に、まずそこを見直すことだよね。

Maru 縦型動画の未来も、SNSの発信も、ものすごい速さで変わっていくと思います。お互い独学でやってきたからこそ苦労があるので、この本を読んでくれたみなさんには、「より速く上達するには、基本がしっかり学べているか」、そこが一番大事ということをお伝えしたいですね。

スマホ1台でバズり動画作ります！

Chapter

スマホ動画を仕事にしてみようと思ったら

ここでは「スマホ動画」を仕事にしてみようと思ったときに、どう動けばいいのかのアクションを具体的にお伝えします。クライアントワークが初めて方にもわかりやすく、基本的なビジネスマナーや心構え、そしてクライアントへ送るメールの文例や請求書まで解説しています。

対談 「人生逃げ切りサロン運営」
やまもとりゅうけん×たけち

会員数5,000人を超える規模のビジネスオンラインサロン「人生逃げ切りサロン」を運営している、やまもとりゅうけんさんと、たけちの初対談が実現！フリーランスという働き方、好きを仕事にする生き方について、それぞれの経験をもとに語ってもらいました。

Profile

やまもとりゅうけん
@ryukenmind

ワンダフルワイフ株式会社代表。1987年大阪生まれ。神戸大学経営学部卒業。新卒で東証一部上場企業にプログラマーとして就職したのち、27歳でフリーランスエンジニアとして独立し、サイバーエージェント大阪支店等に勤務。2017年、オンラインサロン「人生逃げ切りサロン」を開設し、3年間で参加者5,500人超まで拡大。「ビジネスYouTuber」としても活躍。チャンネル登録者数は2020年現在約10万人を誇る。
オフィシャルサイト：やまもとりゅうけん OFFICIAL BLOG

縦型ショート動画に
時代の転換点を感じた！

たけち りゅうけんさんと最初の出会いは、僕がフォロワーは増えたけどマネタイズに悩んでいた頃ですね。りゅうけんさんのTwitterを見ていて、フォロワーは増えたけれど、どうやってお金を稼いでいいかわからなくて。たまたまTikTokでやっていた、りゅうけんさんのライブに「どうやったらお金を稼げますか？ フォロワーは30万います！」とコメントを入れたんです。

りゅうけん そうそう、TikTokでライブ配信やっていたら、コメントが急に入ってきて。30万フォロワーもいて逆にマネタイズできていないって、すごい人がいるんだ

なって思ったのを覚えています（笑）。それからオンラインサロンで、スマホで映像制作する講座を作ろうと思ったときに、知人の紹介を受けたら、あのライブのときに質問してくれた「彼」だった！ それで縁が繋がったんだよね。

たけち そうでしたね！ そのころ、どうやってお金って稼ぐのだろうってめちゃくちゃ悩んでいたころでした……。

りゅうけん たけちさんの映像を見たときに、こんなのあるんだって驚いて。映像制作の分野でスマホで制作するって、当時は海外ではあったけれど、日本ではまだそんなに広まっていなかったから、ここまで美しい映像を作っている日本のショート動画クリエイターのパイオニア的な存在で、かなり衝撃でした。

たけち 2020年頃ですよね、当時の映像を見返すと下手ではあったけれど、縦型で動画を作る人が少なかったのでSNSのフォロワーが増えた頃ですね。

りゅうけん 僕も、YouTubeはやっていたので、横型の映像には携わってきたんですが、動画制作プロダク

ションが作ってきたものが民主化※されて、ちょうど個人のクリエイターが出てくる時代に移り変わって、今後は縦型の映像も来るんだろうなっていう予感がありました。いわゆる、今まで一眼レフカメラで撮っていた映像が、スマホ撮影に移り変わっていくんだろうなっていう転換の兆しをたけちさんの動画を見て感じました。

たけち　もし、いま動画を始めたら、あの頃のレベルならフォロワーを伸ばすのは無理かも。ただ、同業者が増えて伸びにくくなっている現状はあるけれど、僕のサロン受講生が3ヶ月で案件をとれるというレベルまでいけているので、まだまだ動画は稼げるコンテンツだと思う。

りゅうけん　大きな制作プロダクションが作ってきたものが、民主化されていく流れってどの分野にもあると思う。例えば、YouTubeの動画編集というジャンルは、動画制作代行者が出てきて、これからはどんどんスマホ動画が増えていくんだろうな。うちのオンラインサロンは、様々な講座があって、講師がどんなスタンスで生徒と向き合うかで特徴が出るんだけれど、たけちさんは教育熱が半端なくある。だから頼んで良かったと思っています。

たけち　りゅうけんさんは、もともと発信が尖っていて、それをすごく魅力に感じていました。他の人が言わないことを突く、それもまとめながら。初めて会うときは、怖い人かなって思っていたんですが、会ったらめちゃめちゃ優しい人で。SNSとは全く違う印象でした（笑）。りゅうけんさんからの講座の依頼は、こんなチャンスもうない！と思ったので即OKでした！

りゅうけん　たけちさんは受講生を愛しているよね。そして、それをみんな感じているし、たけちさんを尊敬している。だから、みんな尊敬している人のもとで努力しようとする。その循環が、結果が出る理由だよね。教える技術ももちろん大事だけれど、たけちさんはホスピタリティが高いし、受講生と密に向き合うので、講師に求められている距離感を十二分に満たしていると思う。だからか、たけちさんの講座は生徒同士も仲が良いよね。

スマホ動画で稼ぐには
どうすればいい？

りゅうけん　スマホでの映像技術には稼ぎ方が2軸あると思う。まずひとつは、自分のアカウントを作って、バズらせて広告収益に繋げるというやり方。もうひとつは制作代行として他人のアカウントを運用する、縦型動画を撮影して対価として報酬を頂くというクライアントワークというのがあると思う。

たけち　そうですね。もちろん両方得意っていう人も中にはいると思うけれど、わりと向き不向きがあって。自分自身を上手く表現して世の中に届けるのが上手い人と、他人を伸ばしてあげるのが上手い人とに分かれ

ていると思います。

りゅうけん　たけちさんや自分は、自分が前に出たほうがいいタイプ。だけど、クライアントワークなどで自分よりも誰かを支えてあげたいというタイプもいるよね。

たけち　スマグラ講座は動画講義が50本あって、3ヶ月間の講座。自分をバズらせるのもいいけれど、PR案件って毎月定量で取ることが難しいので、僕はクライアントワークを推奨しています。動画制作代行のほう。縦型動画の案件の場合は、1ヶ月で「終わりです」ということがほぼなくて、1年とか2年とか長い付き合いになることが多いので。

りゅうけん　そもそもクライアント自身が、インフルエンサーとして長くやってきている場合もあって。そうなると、毎日リールやストーリーズを投稿するので、その日常業務に入り込めると継続的な案件になりやすい。月額一定で、運用代行していくというのがいい分野でもある。

たけち　そうなんです。そして、それが3ヶ月契約とか、半年契約となっていくので、僕の講座では、僕が実際にクライアントに納品している動画をそのまま作ってくださいという宿題を出しています。毎月、受講生には10本動画を作ってもらっていますが、それは実際に僕が納品した動画を見本にしてもらっていて、その動画をポートフォリオにすれば、すぐ営業に出向けるようになります！

りゅうけん　スマホでのショート動画はすぐ作れるので、ポートフォリオが作りやすいメリットがあるよね。他の映像制作とは違う。今はスマホの性能も上がって、手軽にクオリティの高いものができる。

たけち　そうなんです。ちょっと興味があるという人は、動画を作れるようになって成功体験を積んで欲しいです。小さな成功体験が自信に繋がります！

りゅうけん　スマホひとつで仕事ができるようになる、となると競合が増えるイメージがあると思うけど……。でもこれって世の中、どんな副業とかフリーランスの分野でも起きることだから。例えば、ライターだって極端な話、日本語が書けたら誰でもできるけれど、優秀な人とそうじゃない人の差っていうのは、スキル以外のところにあって。まずはスキルが一定の値を超えるのが第一歩ってところだね。

たけち　人間性とかホスピタリティとか、コミュニケーション能力とか、仕事が依頼されるためにはスキル以外にも大切なことはあります。
ですが、基本的なスキルがないととにかく作品の評価がもらえないので、論外です。

りゅうけん　スマホ動画クリエイターたちも、スマホをもっていれば誰でもできる仕事ではあるんですが、しっかりスキルを身につける、偏差値でいうと57.8みたいな（笑）。そのぐらいのビジネス戦闘力を手に入れてもらったら、仕事は獲得できるはず。スマホだけで仕事が取れるってすごく幸せなこと。たけちさんも、仕事を継続しながら、よく海外行ってるもんね。

たけち　どこでもできる仕事ですし、ミニマリストの極みみたいなものですね。稼ぐのに新しいものを買わない、今あるもので成果を上げる。一番身軽な働き方だと思います。

スキルを上げまくって、逆算して動け

りゅうけん　もともと僕は会社員でプログラマーだったんだけど、27歳でフリーランスになったら、収入がいっきに3倍くらいになったんです。それは、僕のスキルが急激に上がったわけでも、やる仕事が変わったわけでもない。ただ、業務形態が会社員からフリーランスになったというだけ。この経験から、稼ぐ金額って、結局どこに身を置くかなんだなって実感して。自分の人生を豊かにするのは、「どこに行くのか、どこで戦うのか」だと思いましたね。会社員じゃない働き方、フリーランスでもいいんじゃないかと思って今に至る。フリーランスって、会社員時代の2倍稼いでとんとんと言われるけれど、実際フリーランスのほうがキャッシュフローがいいので、節税もできるし。

たけち　僕も会社員時代の後に、動画のクリエイターになったときは、好きなことだけど稼げない時期に悩んだこともありました。だから、最初は本業があっての、副業からでもいいと思います。段階を経てフリーランスになる方法もありますし。

りゅうけん　会社員だったら、年収テーブルに乗せられていく。「この年齢だったらこの年収」のように。けど、フリーランスって実力に対して正当な評価が下される。その経験を副業でもいいから経験して、本業を超えたとか、向こう1年は稼ぎそうという絵が描けたとか、そういう状態になってからフリーランスになってもいいかなと思う。

たけち　そうですね。無謀な挑戦は良くないかなと。暮らしていける金額を副業で稼いでからやめるというステップは大事。まあ、万全の体制になるのを待っていたら、転身するタイミングを失うこともあるから、思い切りも必要ですけどね。

りゅうけん　成長していく過程で、より重要度の高い仕事を任されるようになって単価が上がるとか、そういう意味で、動画編集も実績が積まれていくと単価が上がっていく。それで成長を感じていけると思う。

たけち　最初は無償で案件を受けてもいいと思っています。クライアントワークをしたことがない人もいっぱいいるので、納品の仕方とかやりとりを経験して知っていくことも大事だから。まず一通りやってみて、価値提供できるなと思ったら、あとは単価を上げていけばいいと思います。

りゅうけん　自分の行動管理について、時間管理できるか、モチベについて聞かれることが多いんだけど。目標と期限が決まっているか、本当にやりたいと思っているかどうかがモチベーションを支えるためには絶対必要。例えば、副業の最初はライター業で、「アフィリエイトで半年後に月50万にしよう！」って目標を立てるとすると、「月20本は記事書かないといけない」とか、「1記事書くのに2.3時間かかる」とか、未来から逆算して今日の行動に落とし込む、そうすると体が勝手に動くでしょ。

たけち　フリーランスの場合、時間管理とか行動管理って自分次第。自己管理が基本だから、そこはタスクを与えられてやる会社員時代とは違って、自分で未来を想定して逆算して動いていかないといけないですよね。

りゅうけん　目標と期限が決まっていたらちゃんと体が動くのに、それをやらない人が結構多いんだよね。そこに気持ちが乗っている状態だったら、体が動くはず。

たけち　時間管理術とか紙に書き出すとか言う人もいるけれど、書き出して整理するとか進行管理するって動画撮影においても大事なことです。要はタイムスケジュールを自分だけじゃなく仕事を依頼してくれているクライアントとも共有することが必要ですからね。

りゅうけん　以前、会社員時代にマルチ商法にハマっ

て、鍋とか浄水器とか売っているうちに借金がどんどん膨れ上がって、400万ぐらいになったときがあって。その頃は手取り20万ぐらいだったから、いくら返しても返しても元本が減らない……。支払いが間に合わなくなって、フリーランスエンジニアになった経緯があった。ブログもやらないといけないし、副業もやらないといけないし、全部やらないと死ぬっていう状況で。しかも結婚したばっかり！ もうこれでもかって追い詰められたわけです。でも、その追い詰められたことで、目標に対する向き合い方が備わったよね。

たけち 追い詰められないとやれない、ってよくわかります！ でも、会社員でもフリーランスでも、どういう環境に身を置くかですが、稼ぎたいと思うなら、とにかく自分の仕事に自信が持てることが先決です。僕なら動画のクオリティに自信を持てるかどうか。

りゅうけん スマホ動画クリエイターは、スマホの映像制作技術が自分の中で抜群にあったとしたら、「俺を採用しなかったらすごい損してるよ」というスタンスが仕事獲得に繋がると思う。いい商品を扱うっていうことが大事。クライアントワークなら自分のスキルを高いレベルへ持っていくことだね。

たけち そうです！ 自分の技術を上げていく、スキルを上げまくる。それこそが商品力だから。ホテルとかレストランの動画を見て、自分が撮ったほうが上手いと思ったから営業できたってこと多々ありますもん。

苦手を克服して "好き" を仕事にする

たけち 僕の生徒さんで、人と話すのが苦手とか、営業するのが苦手という人が結構いて。僕の場合は、

「断られて当然」って気持ちでいるので、やれることを全力でやるけれど、凹み過ぎないんです。なので、どうやって自分に自信を持てるようになりますかってよく聞かれます。りゅうけんさんはどうですか？

りゅうけん そういうときは、上を見るんじゃなくて下を見る。SNSってしょうもない人がいっぱいいるから、「こんなスキルでこんなことやってんの!?」っていう人がいます（笑）。それを見て、優越感に浸ってみると、「あ、意外と俺いけるんじゃないか」ってなるよ。あとは、承認される経験が多いほうがいい。例えばだけど、コミュニティに入ってオフラインイベントに参加して、「すごいですね」って言われる。そこからちょっと自信を身につけるって方法もアリ。

たけち 僕だと、例えば、プライベートでヨーロッパに2ヶ月行くときに、ホテル案件とか様々な営業メールを100通送って、決まるのは2〜3件。我ながらこの割合はすごいことだと思う。とりあえずひたすら送る、数打てば当たる！ 断られても当たり前なので、落ち込まない。それを繰り返しています。

りゅうけん 自分という商品に自信があったら、断られたときに自分を卑下するんじゃなくて、「向こうの見る目ないな」って思うから傷つかなくなるはず。「世の中を知らない、自分の立ち位置がわからない、自己客観視できるだけの材料が足りていない」。そんな人は多くいると思うけれど、どういう人が成功するかっていうと、「過大評価も過小評価もすべきではなくて、どんぴしゃな自己評価ができている人」だと思う。そのうえで、人より抜きん出ている、冷静に謙虚に自分を見たときに自分は優れているよなっていう状態がいいんです。

たけち　その状態に気が付けば自信がつきますね！

りゅうけん　自分の良さを理解しつつ、客観的に自分の偏差値みたいなものを常に意識したほうがいい。あとは具体的に何をすればいいのかって話だけど、とにかく率先して行動する人、例えばイベントとかも遠くからわざわざ来る人とかね、東京でやっているイベントに大阪から来る、大阪でもやるのに、東京のも全部来る、みたいな人とか。行動で意を示せている人は上手くいっているなと思う。

たけち　確かに行動は大事。動画が上手い人って、他の上手い人が動画を撮影しているところを見ると、どんどん上手くなっている傾向があります。真横で見るだけで、考え方とかがわかるんですよね。だからオフラインイベントの撮影会とかに参加してくれる方は、上達が速い！

りゅうけん　僕は、「人って人に感化されることでしか頑張ろうとしない」と思っています。たけちさんが頑張っている姿、海外を飛び回っている姿を見て、自分もそうなりたいというのがモチベーションの原点になるので、そういう頑張ってる人と会うっていうのは大事。初期のモチベーションが安定することはめっちゃ大切で。だから、僕も、自分がずっと挑戦し続けないといけないと思っています。そうでないと、自分の周り、例えばオンラインセミナーの受講生たちは挑戦しない人になってしまうなって。

たけち　動画クリエイターもそうですね。ずっと進んでいかないといけない。

りゅうけん　大事なことは、やりたいことに素直でいるだけ。新しくやりたいサービスあったら迅速にやるとか。そういうことだけでも、この人頑張っているなって。頑張っている人に教えてもらいたいとなるはず。

たけち　そうですね、僕自身がスマホ動画クリエイターとして海外を飛び回って、色々な場所で動画を撮って、みんなに届けていきたい。もっともっといい動画を撮りたい。そしてこのめちゃくちゃいいと思える体験を伝えて、やりたい人はやって欲しいし、それを広めていきたいです。

※民主化:考え方や仕組みなどが民主的なものに変わっていく様

Job
01

スマホ動画でお仕事を頂くまでの6つのステップ

❶ **まずは、動画の基礎知識を学んで練習！**

動画のための基礎
① 背景
② 光
③ 構図
④ カメラワーク
⑤ トランジション
⑥ 動画編集

この①〜⑥を頭に叩き込んで、本書を読み込んで、どんどん撮影して、どんどん編集して経験を積みましょう！撮ってみる、編集してみることが大事です。撮影していくうちに、「あ、本に書かれていたことって、このことか」ってわかったり、編集を繰り返していたら「違和感って、この感覚か」ってわかってきます。僕のオンラインサロンでは、課題として「週に1本の動画提出」をお願いしているんですが、やっぱりちゃんと課題をこなしている人はどんどん上手くなっていきます。「週1本撮影＆編集」にぜひ挑戦して欲しいです。

❷ **撮影・編集した動画をSNSに投稿しよう**

撮影編集した動画を発信することは本当に大事で、「いいね」の数やインサイトの数値から反応を知れるし、客観的な意見なんかもコメント欄からもらえます。動画は作ったら絶対投稿を鉄則にしましょう。

そしてまだまだフォロワー数も大事な目安だったりするし、Instagram、TikTokなどの自分のアカウントで発信＝自分の動画のフォロワーやファンの獲得チャンスなので、どんどん発信しましょう。
トライアンドエラーの精神で、発信し続けることが次の動画撮影に必ず活きてきますから、怖れないでどんどん発信してください！

> **たけちポイント** Point
>
> 特化したいジャンルを決めて、自分の得意分野を作ることを意識しよう！ 僕の場合は旅好きから始まり、旅先で風景やホテルなどを撮影するようになって、今のスタイルになりました。自分の「好き」からジャンルを決めてもいいし、バズりやすいなって思うものでも、ニッチだから参入しやすいジャンルでも何でもOK！ 自分が苦じゃなく続けられるものを探しましょう。

❸ 動画作品をまとめて営業用の提案文を作成する

撮影・編集にも慣れてきたら、営業開始！ 最初は無償で仕事を受けて、実施へ持ち込みましょう。得意とするジャンルやこれまでの反響、プロフィールなどをまとめた営業用の提案文を作成しましょう。僕の場合は、最初は動画を作って欲しい＆宣伝して欲しい企業と、働きたい人をマッチングする「クラウドソーシングサービス」に登録しました。あとは、InstagramのDM機能を使って、お仕事したいなと思う企業へ営業をかけてみたりしてください。最初は緊張するし、断られたらどうしよう……って気持ちになると思いますが、「ダメでもともと」です！ 100件送って反応が1件あればラッキー！ くらいの感覚で挑戦しましょう。P155〜157の「営業先へ送るメール」の文例を参考に、ぜひ営業メールを作ってみてください。

④ 実績を積む

ポートフォリオとなる動画をつくりながら、営業をかけてクライアントワークにどんどん慣れましょう。お仕事を頂けるようになったら、もう一歩先へ。データをどのように納品するかなどの細かいポイントを意識してみてください！ これらのポイントを押さえることで、納品までの流れがスムーズになり、信頼関係構築にもつながります。スムーズに納品するためには？ などのポイントも考えてみましょう。このポイントをしっかり押さえていくことで、納品までの進行がスムーズになり、ゆくゆくの信用に繋がります。

> **Point**
> **たけちポイント**
> 今は、メール、Instagram、Chatwork（仕事向けのチャットツール）など連絡手段も多様になっていて、クライアントごとに連絡手段は異なります。色々な連絡ツールに対応できるようにしておくことも、クライアントの心を掴むポイントです。

⑤ 実績が10件程度になったら、有料化して提案するステップへ

10件無償で実績を積めたら、有料化するタイミングです！ 実践から学んだことを活かして、自分なりの営業スタイルを確立しましょう。クライアントの満足度を高め、リピートしてもらうことが重要です。実績を積むと動画の質だけではなく、クライアントとのコミュニケーションや事前準備のレベルも上がります。

⑥ 有料化したら、単価を徐々に上げていく

クライアントからの有料の発注が継続できるようになったら、単価アップのタイミングです。単価を徐々に上げていくことも大事。自分の価値は自分で決めていいのです（もちろん相場感は大事ですが）。

> **Point**
> **たけちポイント**
> 単価は動画の秒数ごとに、またはカット数ごとに決めてもOK！ ちなみに、僕が駆け出しの頃は「1カット1万円」と設定していました（企画・撮影・編集込み）。

❼ STEP①〜⑥を繰り返し、違うジャンルの撮影にも挑戦してみよう！

ひとつのジャンルに慣れて流れを掴んだら、徐々に他のジャンルにも挑戦すると仕事の幅が広がります。例えば、最初はホテル、その次に飲食店、TikTok広告……と対応できるジャンルの幅を広げると、旅先などでも仕事を獲得することができるようになります。

> **Point たけちポイント**
>
> クライアントのジャンル（ホテル、飲食店など）ごと、動画技法（クロマキー、トランジション、マスクなど）ごとに分けて、それぞれで得意分野を広げるイメージで取り組んでいこう。「1つのジャンル」で、「3つの撮影技法」を強みにしていくのがおすすめです。

STEP① 動画の基礎知識を学んで練習！

STEP② 撮影・編集した動画をSNSに投稿しよう

STEP③ 動画作品をまとめて営業用の提案文を作成する

STEP④ 実績を積む

STEP⑤ 実績が10件程度になったら、有料化して提案するステップへ

STEP⑥ 有料化したら、単価を徐々に上げていく

Job
02

動画制作ができると 受けられる仕事を知ろう

❶ 実際に受けられる仕事の種類

実際にある案件を知り、どんな仕事があるのか具体的にイメージを膨らませましょう。
比較的案件の取りやすい仕事にフォーカスして、実例を紹介していきます。

①― ビジネス系案件

出演者が画面の前で話している動画データを素材として預かり、編集のみを行う。

> 単価:約5,000円 / 1編集
> 編集目安時間:約30〜60分

【特徴】

- 編集が比較的簡単でネタも豊富にあるので、継続案件に繋がりやすい。
- 台本を作ってカメラの前で話せば素材がすぐできるので、撮影が簡単でクライアントが取り組みやすく、継続しやすい。
- 編集技術ではなくコンテンツ内容がメインなので、動画のクオリティを保ちやすい。
- 編集者によるクオリティのブレが出にくいので、編集作業は再外注をして、自分は仕上がってきた動画のチェックのみを担当する事も可能。こうすることで品質担保ができる上に、大幅に自分の時間が増えるので、扱う案件数を増やすことができる。

Point たけちポイント

撮影だけでなく、SNSアカウントの運用代行まで一貫して実施できるようになると、仕事をもらえる確率が格段にアップします！
まず最初に、1ヶ月間＝30日分どんなネタで動画を投稿したらバズりそうかを提案します。クライアントは提案した日ごとのネタに応じた内容を喋れば素材が出来上がるので、ハードルをぐんと下げることができます。

② ホテル案件

単価:10,000～30,000円
撮影時間:2～3時間
編集目安時間:約30～60分

特徴

・世界中にホテルがあるので、どこでも活動範囲になる。
・宿泊費や食費が無償になるケースも。

ラグジュアリーホテルの場合、タイアップ投稿をすることで、自分のポートフォリオの強化にもなります。ホテルとの信頼関係ができれば、季節ごとの新しいキャンペーンの継続依頼や、SNS運用依頼に繋がる可能性も。

> **Point**
> **たけちポイント**
>
> 僕は、最初の頃から「海外で撮影したい」という目標があったのでホテル案件獲得を目指しました。まずは日本国内のホテルで実績を積んで、今では海外のホテル案件を獲得できるようになりました！

③ 商品レビュー案件

クライアントから実際に商品を提供してもらってレビューする。

単価:10,000～30,000円
企画・撮影・編集目安時間:4時間
撮影のみ:1～2時間

特徴

・インフルエンサーになると依頼をもらえることがある。
SNSアカウントのフォロワーが一定数以上あり、多くの人への発信力があることが必須。
・商品を無償で提供してもらえる。

ただし、商品のカテゴリーは、フォロワーの興味に合う商品に限定することが大切。この商品をレビューして投稿することで、「フォロワーの役に立つ」という視点で商品選びを！

> **Point**
> **たけちポイント**
>
> 自分のフォロワーが、どんな情報を求めているかを想像することが大切。普段発信している内容と、かけ離れた商品のレビューが多くなると、フォロワーが減ってしまうことにも。

④ー 起業家案件

起業家の方のイメージ動画を撮影・編集する。企画から考えるパターンが多い。

> 単価:20,000〜50,000万円 / 1本
> 企画・撮影・編集目安時間:3時間 / 1本

Point たけちポイント

女性や年配の方からの需要が高いジャンルです！ 特に女性を素敵に撮影できるとそれが強みになります。

【特徴】

・需要が高いので、Instagramやメールでのアプローチから受注できる可能性が高い。

・単発のイメージPV案件だけでなく、企画・運用を含めた継続依頼に繋がる可能性が大きい。運用代行のスキルアップ、ひいては活動や売上を拡大するのに、非常に重要な案件のジャンル。

・Instagramを活用している起業家は多く、お金を払って動画を作ることに抵抗がないので継続されやすい。

❷ 自分の引き出しを増やしておくと、受けられる案件の幅が広がる

クライアントによっては、他の動画クリエイターの作品を参考にした撮影をお願いされることも多々あります。そんな場合でも、できる限り対応できるように、色々な撮影方法や作風の動画のストック（バリエーション）を持っておくことが大事です。

また、僕が過去に投稿した動画を見たクライアントから、「この撮影方法を流用して撮影できないか」と依頼が来たこともあります。何度もお伝えしていますが、こんな風に投稿が仕事に繋がることもあるので、自分のSNSアカウントでの発信を続けることは本当にとても大切なのです。

「目指せ！月収100万円」までの道

❶ 月収100万円は、ウソ？ ホント？

SNSでは、よく「誰でも3ヶ月で100万円！」といった内容が発信されていますが、それはほんの一握りの人の話。でも安心してください！コツコツと積み上げていけば、あなたにも月収100万円を達成するチャンスは充分にあります。実際に僕が1年間で、月収100万円を達成した経緯をお伝えします！

❷ たけち的月収100万円までのロードマップ

①— 動画の企画・撮影・編集スキルを身につける

まずは動画クリエイターの講座を受講し、最低限のスキルを身につけました。全くの独学より、本や講座などで基礎を身につけることが、実は近道なのです。

②— SNSでの自己ブランディング

自分のSNSに撮影した動画を投稿して、ポートフォリオ作りにも力を入れること。僕はホテル、カフェ、飲食店、ファッションなど数あるジャンルから自分の得意分野を絞って、身につけた専門知識やスキルを発信し続けました。動画制作の裏側なども含めて見てもらえるように、SNSでクライアントが理解して依頼しやすい状態を作ることを大切にしました。Webサイトを作り、料金表をまとめておくなどの工夫もしましょう。

③― クライアントを探す

自己紹介・ポートフォリオをまとめた営業用の提案文を作成して、クラウドソーシングサービスに登録したり、営業メールをどんどん送りました。おすすめはInstagramのDMで直接営業メッセージを送ること。日本だけではなく海外にもショート動画を作りたいと思っている企業や個人はたくさんいるので、思い切ってDMしてみましょう。

④― クライアントと全力で向き合い満足してもらう

案件が取れたら時給単価にこだわらず、丁寧なやりとりを心がけました。問題点についてクライアントと一緒に考え、解決策を提案しながらの動画制作を心がけましょう。作品のクオリティだけではなく、仕事全般に対する姿勢も評価に繋がります。依頼主が満足してくれたら、そのクライアントが次のクライアントを紹介してくれることも多いので、ひとつひとつの仕事を丁寧にやりましょう。

⑤― 口コミや紹介を活用

クライアントの満足度が高い仕事をしたら、口コミや紹介で新しい案件に繋がっていくことが多かったです。特に、地方はクライアント同士の繋がりが濃く、口コミなどが広がりやすいので、紹介を受けるチャンスが多いと感じています。実際に、僕は石川県金沢市を拠点に活動していますが、紹介から紹介が繋がり、気付くと全国で案件を獲得していくことができました。逆に言うと、悪い口コミも広がりやすいので、要注意。どのクライアントにも、公平に礼儀正しく真摯に向き合った仕事を心がけましょう。一度でも手を抜いて仕事をしてしまうと、信頼を回復することは不可能だと思ってください。怒ってくれたり注意してもらえたら、それはとても有難いクライアント。ほとんどのクライアントからは、注意などはしてもらえず、ただ二度とお仕事の依頼が来なくなるだけです。今、動画制作をする人はどんどん増えているので、動画のクオリティじゃない部分で評価や評判が下がらないように気をつけましょう。

Job

04

案件獲得のために大事な4つのこと

 ❶ クライアントから「頼まれやすい人」になるために

案件を獲得するためには、クライアントの目線に立って「頼まれやすい人」になることが何より大事。僕は、「クライアントの仕事内容を具体的に理解すること」、そして「クライアントから見て、どんな人でどんな実績がある人なのかを伝わりやすくすること」を大切にしています。

① SNSでの見込み客獲得

動画を撮ったら必ずSNSに投稿することでポートフォリオが形成され、見込み客の獲得に繋がります。僕は6媒体を使っていますが（X、TikTok、Instagram、YouTube Shorts、Lemon8、LINE VOOM）、SNSによってユーザー層が異なるので、TikTokでバズらなかった動画が、Instagramではバズることもあります。いろんな媒体に発信しておくと、見込み客の獲得により展開しやすいのです。

② フォロワーを獲得して案件の受注単価を上げる

情報発信力の判断基準は、SNSのフォロワー数、動画再生回数などリーチ力です。情報発信力があるとクライアントに認められれば、動画制作費の他に投稿費用も頂けるなど、単価アップにも繋がります。

③ 専門性を身につける

何が得意な人なのかが伝わると、クライアントが案件を頼みやすくなります。初心者は、「まずは編集だけ」など専門家になることを目指しましょう。それができたら次は企画、その次は撮影……と段階を踏んで徐々にできることを増やしていくのがおすすめです。全てができないと案件が取れないということはないので、部分的に依頼を受けることから始めてみましょう。

④ 金額プランを複数用意する

仕事依頼の料金プランは1つではなく、松竹梅など3つ程度用意するのがおすすめ。「松竹梅の法則」といって、値段の違うプランを3つ提示されたら、真ん中のプランを選ぶ人が多いそうです。この法則を活かして、自分の頂きたい金額を真ん中のプランにしてみましょう！

Job
05
たけち的SNS戦略4つのステップ

❶ 一番認知してもらいやすいのがSNS！各SNSごとの特徴を知ろう

知らない人から一番認知してもらいやすい手段はショート動画です。だからこそSNSの戦略はとても大切ですが、「何からやったらいい？」という人も多いので、具体的にどうやって戦略を立てていくか、4つのステップで説明します。

動画は様々なSNSで発信できますが、それぞれに特徴が違います。

YouTube　20代のユーザーが多く、横動画、ショート動画ともに伸びやすいと言われていて、専門分野の情報収集もできます。例えば、「キャンプ　やり方」と調べればキャンプに関する動画にヒットします。料理なら「デザート」「お弁当」とか検索していくと、レシピだけでなく作り方も知ることができます。

Instagram　10代〜30代ユーザーが半数を占めていますが、欲しいものを探したりとネットショッピングのひとつにもなっています。

TikTok　レコメンド機能が特徴。30代ユーザーが多く、以前は若い女性が踊っている印象がありましたが、現在はどんどん教育系のコンテンツが増えていたりもします。

たけちポイント *Point*

InstagramのリールとTikTokを伸ばすには、トレンド情報を追っていくことがとても大事です。主なトレンド情報はジャンル別に以下のようになります。

① ― 面白い話題、ネタ、雑学　　③ ― お出かけスポット
② ― グルメ

常にトレンドをリサーチして自分の動画にも取り入れていこう！

❷ ターゲット層を設定しよう

自分のコンテンツを誰に見てもらいたいか、自分の商材であるサービスや商品を誰に売るのかという導線が必要になります。僕の場合は、以下のようにターゲットを設定しています。

- 年齢層は25歳〜50歳ぐらい
- カメラ初心者で動画が上手になりたい人
- 旅行のときにおしゃれな動画を撮りたい人
- 所得水準が高めで、ライフスタイルの中で趣味を持っている人、持ちたい人
- 月に1回は旅行する人
- 動画ジャンルで発信をする人

自分が提供するサービスを決めたら、そのサービスの価格設定をします。SNSに投稿して、自分のサービスに興味を持ってもらい、潜在顧客にリーチすることを意識しましょう。

❸ 同じジャンルをひたすらリサーチしよう

ひとつのSNSに絞らず、様々なSNS媒体を調べるのは基本中の基本です。僕の場合は、海外の有名クリエイターの動画をたくさん見て、気になったものは日本語に翻訳して参考にしています。リサーチするときはフォロワー数やジャンルが似てるアカウントを5〜10人見つけ、そのクリエイターの作品を見続けます。自分とやりたいことが似ている人、伸びている人を見つけることがポイント。例えばInstagramの場合は、気になるジャンルの中から人気のアカウントをフォローしてみましょう。Instagramでの参考アカウントが決まったら、他

たけちポイント

ベンチマークしているアカウントのプロフィールのジャンル関連機能から、色々な人のコンテンツをリサーチしていくと探しやすいのでおすすめです。

のSNS媒体でも同じジャンルで上手くいっている人がいないか探します。色々なコンテンツがある中で、どうやってその人たちが伸びたのか調べていくうちに、伸びた理由の共通点が見いだせるので、それを自分の動画にどう落とし込めるかがわかります。TikTokでは同じジャンルを見ていくと、レコメンド機能で自分が興味のある動画を出してくれるので、そこで深堀りしていけるし、YouTubeも同じようにかなりレコメンドしてくれるので探しやすいです。Instagramではハッシュタグで調べることができ、例えば「僕が石川県のカフェのアカウントを運用する」としたら、#金沢カフェ #人気スイーツ #石川県などで検索して、さらに他の県でも上手くいっている同じジャンルのアカウントを見つけます。そして、その人の投稿している「リール動画のハッシュタグ」をタップして、その中の撮り方や、構成が上手な人の動画を研究します。

❹ SNSマーケティングのポイント

SNS投稿では、音源などは商用利用できないものもあるので要注意。商用利用が不可なのは「音源自体」。つまり、その音楽ファイルや楽曲自体が「お金を稼ぐ目的」や「ビジネス用途」では使えないと定められていることが多いです。うっかり、とかノリで発信して炎上することもあるので、動画は発信直前に今一度見直すクセをつけましょう。SNSマーケティングはすぐに効果が出ないものなので、長期的な目線で投稿することが大切。僕は3年間で800本ほど動画を作っていますが、最初から上手く伸びたわけではので、スプレッドシートで自分の発信しているジャンルの他の人の動画や、自分の動画で再生数やいいね数が多い投稿を分析して、長期的に設計しています。

Pintarest(ピンタレスト)

好きな写真や画像を自分専用のコルクボードにピン止めして、それをシェアできるサービス。
URL: https://www.pinterest.jp/

使い方
① アプリをダウンロードする
② まず検索したいワードで1つ検索する
③ レコメンドに出た検索候補を選ぶ
④ 気に入ったピンを保存

Vimeo(ビメオ)

クリエイター向けの動画共有サイト。有料プランもあるが、加入しなくても無料で利用できる。
URL: https://vimeo.com/jp/

使い方 ここでは、Pintarestのアプリ経由でVimeoの動画を調べる方法をご紹介。
① Pintarestのアプリで、 vimeo + 検索したいワード で検索する
② レコメンドに出た検索候補を選ぶ
③ 気に入ったピンを保存

Job 06

より稼いでいくために ディレクターになろう

❶ ディレクターとしてプロジェクトチームを結成する

スマホ動画を覚えてマネタイズするところまでこぎつけたら、さらに次のステージを考えよう。動画撮影や編集ができる人は増加していてライバルも多い……。そのなかで生き残るには、撮影・編集だけでなくマーケティングやチームを編成できるなど、ディレクターとしての視野が必要です。ディレクターは単なる進行管理だけでなく、ゴールから逆算して「今クライアントにとって何が必要なのか」を考え、全体を設計する能力が必要です。

❷ ビジネスの視点を持つ

ディレクターはクライアントが求めるものをしっかり把握して、ゴールから逆算し何が必要なのかの全体設計力が求められます。チームを作ることができ、プロジェクトを俯瞰して見て、メンバーに仕事を振って進めていく力がある人は重宝されます。そのためには、その人その人の長所・短所を見抜き、合う仕事を振るという人間観察力や洞察力が鍵になってきます。

❸ ディレクターの動き

チーム設計 ▶ 戦略を立てる ▶ チームの動き、目標を具体的にする ▶
指示して人を動かす ▶ 進捗・数字管理、既存・新規両方に合わせたコンテンツ設計

この流れで全体を見て、最初は少人数のチームからディレクター経験を積んでいきましょう。

④ 人間力を磨く

プロジェクトチームとのコミュニケーション、クライアントとのコミュニケーションという人を引っ張っていく求心力が大切です。コミュニケーション力があり、協調性があり、誠実で信頼性があれば、この人に仕事をお願いしたい！というクライアント、そして一緒に働きたい！という人も集まってきます。同じスキルの人が2人いたら、より人としての魅力がある人の方が仕事に繋がります。

⑤ リーダーシップを発揮する

ディレクターには、チームメンバーを指導・サポート・リマインドする役割もあります。関わる人の適性を見て、一人一人に合う役割を仕切って分担するリーダーシップ力も必要。誰かの失敗をカバーしたり、経過をこまめにチェックしたり、全体に目を行き渡らせてチームが円滑に回るように努力します。

⑥ 常に価値提供を意識する

単に受けた指示を捌くだけではなく、クライアントが悩んでいることを解決できるようアドバイスしたり、施策を提案したりして、自分らしい価値を提供していきましょう。例えば、クライアントがInstagramの投稿文やハッシュタグに迷っていたら、アドバイスしてみましょう。クライアントの困りごと＝ビジネスチャンスと思って、「かゆいところに手が届く人」を目指しましょう。例えお金を頂かなくても、自分から自分の価値を提供していくことは、次のお仕事に繋がる大事な一歩です。

Job 07

クライアントと関わるときの心得

❶

クライアントに失礼なく、いかに沿うことができるか

クライアントワークの基本は、いかにクライアントの希望に添えるかです。常に次に繋がるアクションと、依頼し続けてもらえる完成度の高い仕事を目指すことが大事！仕事の依頼がくる場合は、最初は単発が多く、その単発で依頼された仕事をしっかりこなすことで継続に繋がります。そして、今後、動画クリエイターとしてお仕事をしていくのであれば、社会人としての一般的なマナーや一般常識は必須です。

❷

映像の専門用語は最低限押さえておく！

コンテ、ロケハン、SE、アフレコ、フレームレートなどの専門用語は覚えておきましょう。例えば、クライアントから「この動画はスローにしたいから120fpsで撮って欲しい」と言われた場合に、専門用語が理解できていないと、ミスに繋がります。24fpsで撮影した後に、編集段階でスローにできないことに気付くなど、知識の有無がミスを防げるかどうかに関わってきます。

> **Point**
> **たけちポイント**
>
> 最初は単発の案件をひたすらこなして何回も失敗してきたことで、改善点を見出し、ジワジワと案件が増え、また継続案件も増えていきました。クライアントと良質な関係を築くためにも、クライアントと関わるときの心得を肝に銘じて、取り組んでいきましょう。

③ お互いのイメージするゴールを共有しておかないとやり直しが繰り返される

お互いのイメージするゴールをしっかり共有しておかないと、何度も何度もやり直しが繰り返されるという悪循環が起きます。想定以上にクライアントからの期待値が上がっていることもありますし、最初に「どこまでのクオリティが作れるのか」「どこまでの数値を出せるのか」の相互理解と確認は必要です。また、フォロワー数や制作実績に合わせて期待値が上がることが多いですが、できる動画のクオリティは予算によること、基本的にスマホでの撮影なので、撮れない動画もあること、画質も一眼レフと同等ではないこともちゃんとお伝えしましょう。

④ たけち的失敗談

自分が思ってもクライアントに伝わっていなければ意味がないので、「しつこいくらい報告をすること」を念頭に置きましょう。特に重要事項を説明しても相手に伝わっておらず、後で「知らなかった」と言われたりすることもあるので、想定よりも多めに連絡をすること、メールなどで記録を残しておくことが大切です。制作についても詳しい情報（何の編集ソフトで編集をするのか、どんな服装でどんなコンテンツを撮影するのか、使うフォント、音源など）を随時細かく共有しましょう。そしてプロジェクトが終わったら、すぐに関係各所、全員にお礼の連絡するのを忘れずに。また何事も不慮の事態に備えておくことも大事です。特に天候は要注意！僕の失敗談ですが、夕日の撮影を企画していたのですが、当日天候が悪くなってしまって……。代案を提案したのですが、夕日が必須とのことで撮影をリスケし、交通費や宿泊費がかさんだこともありました。今なら、撮影の予備日を取っておいて避けられたトラブルでした。コンテンツの他に、機材のトラブルに対応できるようにしておくことも大事です。案件が増えてきたら、指定の時間内に撮り切れるように機材投資を考えましょう。

> **Point たけちポイント**
>
> 基本、クライアントの最初の期待値は高いので、説明して適切に下げることが大切。やり直しが多かった案件では、ゴールを明確に提示してお互いの相違を事前になくす必要があったなと思いました。やり直しを何回もするのは、クリエイターとクライアントの双方に不利益なので、最初の設定がいかに大事かを思い知らされた経験でした。

❺ クライアントとゴールを設定するために

ちゃんと自分の実力やできることを伝えてWin-Winの関係を目指し、クライアントとは最初にギャップを生まないようにすることが大事です。提案段階でヒアリングしたり過去作品を見せることでゴールを明確にすると、作品の満足度が高くなります。以下の4つのことを頭に入れてクライアントとしっかりコミュニケーションを取っていきましょう。

① クライアントとの会話ポイント

どこまでやるのかを明確にする。際限なく修正依頼がくることもあるので、修正内容や回数については初めにしっかり線引きしましょう。例:アニメーションは入れられない、修正は2回まで、追加撮影する場合はいくら加算 など

② 契約を結ぶ

トラブルを最小限にするためにも、書面などで契約を結んでおこう。動画を納品する際に気をつけたいポイントは、基本的に完成動画の著作権は相手に、素材は自分にあるということです。動画が完成した後に素材をいただきたいと言われても、書面で交わしていなければ対応する必要はありません。支払い期日などについても、明確にしておきましょう。

③ 期待値を必要以上に上げない

クレームを避けるためにも、現実的な数値や効果について伝えておこう。クライアントによっては動画の知識がなく、例えば、動画1本でフォロワーが確実に増えると思っているケースがあります。再生回数はバラつきがあり確約できないことなど、現実的な着地予想の数値を出して、過剰な期待を避けよう。

④ 無理に契約しない

最初のうちは何でも無理に引き受けてしまいがちですが、契約しないのもひとつの決断。ただ単に諦めるのではなく、撮影日をずらしたり本数を減らすなどの代替案を提案するのも良いです。無理に引き受けてクオリティが下がるなど、不満を残してしまうよりは、諦めることも選択肢のひとつ。

❻ たけちが実際に提案するときに伝えていること

①— 必須シーンについて

撮影の種類などに応じて金額を決定する場合は、例えば、「10カット中1カットドローン撮影の場合、ドローンが必要なので＋10,000円です」という感じで内容と金額を明確に伝えています。ポイントは各カットをどうやって撮影して編集するのか、それにどのくらいの労力やスタッフが必要なのかを伝えることが大事です。

②— 初稿

初稿提出日は自分で設定し、なるべく早く初稿を出すようにしています。ショート動画であれば、撮影終了後に簡単な編集をしてその場で確認し、OKであれば、その後に色調整やBGM編集を行っています。なるべく早く初稿を出すことで、撮影イメージを忘れないうちに編集することができ、クライアントにも早い対応が高評価に繋がります。

③— 修正回数

何回もやり直し依頼が来ると、時間を消費することになるため、修正については最初に必ず決めて伝えています。修正回数は基本2回までで、その後は有料にするなどがおすすめです。

④— KPI（Key Performance Indicator／重要業績評価指標）

リンクのクリック率、1動画あたりの再生数などわかりやすいものに設定しています。成果は確約できないということと、現実的に着地できそうな数値を伝えておくことが必須です。

Job

案件が取れたらあなたが
やるべき4つのこと

❶ 事前準備とヒアリングの徹底

ここで8割が決まります。どんな動画が良いか、イメージと期日の提案をしてクライアントの希望などをヒアリングしましょう。トラブルになるケースは、クライアントの希望やイメージと、自分が作れるものに乖離がある場合。これを避けるために、ヒアリングをもとにしっかりイメージを共有して企画を進めよう!

❷ 当日の立ち居振る舞いに気をつける

撮影現場などによっては服装や身なり、立ち居振る舞いに気を付けよう。例えば、ホテルの格式によってはドレスコードがあります。また他にもお客様がいるエリアでは、立ち居振る舞いに気をつける必要があります。現場では、関係者への挨拶なども忘れてはなりません。そして今どのような撮影をしているのか担当者に報告し、さらには撮影したものを確認してもらいながら進める場合もあります。

❸ 手土産や差し入れを用意しよう

現場への手土産や差し入れは欠かさず用意すると印象が良く、名前や顔を覚えてもらえるので、次の案件にも繋がりやすいです。僕は、手土産の定番として地元金沢で決めているお店があります。意外と手土産を用意しているクリエイターが少ないので、ちょっと気の利いたもの、相手に喜んでもらえそうなものを選んで渡しましょう。「手土産は紙袋から出して渡す」などマナーもしっかり!

④ 撮影が終了したら お礼報告、連絡、相談も忘れずに

撮影終了後、当日もしくは次の日の朝にはお礼のメッセージを送ります。そしていつまでに提出できるかなど今後のスケジュールについてお知らせします。編集作業については、現状どんな編集段階にあるかを報告・相談しながら進めます。完成後、確認してもらう際に、大きな食い違いが生じないよう細やかに進めていきましょう。

[次の日に送るお礼メール文例]

●●様
お世話になっております 株式会社TAZUNAの竹内です。
この度は無事に撮影が終了いたしましたので、ご報告させていただきます。
雑誌で使用するための必要な写真撮影の解説や、私の方で用意が必要なものがございましたら、お知らせいただければ幸いです。
なお、写真データは以下のリンクにてご確認いただけます。 写真データはこちらからご確認ください。
http://_____
また、請求書の内容につきましては、以下でよろしいでしょうか。
ご確認のほどよろしくお願いいたします。
何かご不明点がございましたら、どうぞお気軽にご連絡ください。
引き続きよろしくお願いいたします。
竹内智哉

たけちポイント (Point)

悪い知らせほど、特に丁寧に・早く・誠実に報告すること！ 問題が発生した場合は、迅速に報告し、誠実な態度で説明することが何より大切です。言い出せずにいたら、その分だけどんどん状況が悪くなっていくだけなので、原因や影響をしっかりと伝え、改善策を提示しましょう。

Job
09
案件受注から納品までの進行管理

❶
 ## スムーズな進行管理を心がける

業務進行管理表には、タスクの内容、ゴール設定、担当者などの情報が明確に盛り込まれ、メンバー間で共有して進捗を管理することで、納品までスムーズに進行させるための役割があります。クライアントとも共有していきましょう。

| スケジュール調整 | クライアントへ、打ち合わせスケジュールを調整するためのメールを送りましょう。 |

[メール例文]

> はじめまして！
> 竹内智哉（たけうちともや）と申します。
> この度はご連絡いただきありがとうございます。
> SNS運用の詳細に関しましてはこちらに記載しております。
> https://takechi-photo.com/sns-operation/
> ぜひ打ち合わせにてどのような動画が良いかお話しさせてください。
> オンラインにて1時間ほどお時間を頂戴できればと存じます。
> つきましては、以下日程にてご都合のよろしい日時をご連絡いただけますでしょうか。
> ・4月26日(火) 14:00～16:00
> ・4月27日(水) 11:00～18:00
> 4月28日(木) 11:00～18:00
> 上記日程以外でも調整可能ですので、ご都合が合わなければご遠慮なくお申し付けください。
> お忙しいところ恐縮ですが、ご検討の程よろしくお願いいたします。
> 竹内智哉　連絡先メールアドレス：--------@gmail.com

Point
たけちポイント
日程は必ず3候補出すようにします。一般的な企業の就業時間を目安に、連絡や訪問は、時間帯は9～17時がベスト。そして、夜22時以降の連絡はしないようにしましょう。

打合せでヒアリング

撮影する動画の内容、コンセプト、撮影方法、方向性、納期やスケジュールを確認します。

ヒアリングの際に確認する内容チェックリスト

- ☐ 現状の課題
- ☐ なぜ依頼してきたのか？
- ☐ 動画制作の目的とターゲット
- ☐ コンテンツの希望内容
- ☐ 動画デザインに関する希望
- ☐ 現状保持しているアカウントの基本情報
- ☐ 希望納期
- ☐ 希望予算
- ☐ 商用利用の有無（著作権フリー音源他、許可の必要な場所や建物などがあれば確認する）
- ☐ 二次使用の有無
- ☐ 公開日
- ☐ 打ち合わせ終了後、必ず打ち合わせた内容をまとめたメールを送る
- ☐ 契約書の締結が必要な場合は撮影前に締結する

企画

これまでの過去作品を送って、クライアントにイメージや好みのトランジションなどを確認してもらい、構成案を作って提出します。撮影場所、字コンテや絵コンテを提出して方向性の確認を行います。

動画構成案（字コンテ）

[例]

4月18日（月曜日）11:00～18:00
参考動画→ストーリー性のある動画　https://●●●●●●/●●●●●
女性撮影場所：港川外人住宅街
★カメラワーク構成
1、建物の名前が入ってるところでミディアムフルショット→女性が右から歩いてくる（3歩）
2、建物と夕日が入り込む場所でエクストリームワイドショット→1カット目の場所を遠目から撮る、女性が歩くのは（5歩）
3、階段を登る足元クローズアップ→女性が階段を上る（3歩）
4、階段登っている途中から登り切るまでワイドショットを後ろから撮る→女性が歩くのは5歩、後ろから見守るように
5、夕日に向かって歩く女性を後ろから前へミディアムショット→女性は左からやってくる、撮影は女性を追いながら右から左へ撮る
6、夕日と女性のミディアムショット→クローズアップ→ドリーイン→女性と夕日を入れ、徐々に近づき最後は女性を切って夕日と景色のみ

撮影準備チェックリスト

- □ 一人での撮影が難しそうな場合は、アシスタントを手配する
- □ モデルを手配する
- □ 撮影場所のリサーチ
- □ コンテンツのリサーチ（SNSを活用してリサーチ）
- □ 交通費などの経費の概算を出す
- □ 必要機材の調達（ライティングが必要であれば用意する）
- □ 撮影関係者に情報を共有

納品チェックリスト

- □ 納品形態の確認（フルHD30fpsなのか、40fpsなのかなど）
- □ 領収書管理（宿泊費は5,000〜10,000円ぐらいに。実費はクライアント負担のケースが多い）
- □ クライアントへ動画1回目提出（ギガファイル便、YouTube非公開での共有が多い）
- □ 修正箇所の希望を反映させて動画2回目提出。さらに修正希望がなければ納品完了
- □ 請求書発行

Point — たけちポイント

クライアントが用意してくれることもありますが、モデルはSNSで募集することも。普段から、SNSなどで被写体活動をしている一般の方などもリサーチしておきましょう。

請求内容詳細

- ・ディレクション費: コンテンツごとのモデル、スタッフアサインなどの進捗管理他
- ・コンテンツ企画費: 構成やストーリーを提案
- ・ロケハン: 撮影場所に実際に出向き下見
- ・香盤表: どの時間にどのカットを撮るか、小道具の用意などを記したスケジュール表作成
- ・カメラマン: 複数カメラで撮影する場合の撮影費
- ・アシスタント費: 機材運搬や現場などでアシスタントを使用したときの費用
- ・編集費: 撮影後の動画の編集費
- ・振込手数料、実費、キャスト・スタイリング費用とは別途発生

[請求書例]

	株式会社TAZUNA	御中		見積日	2022/03/18
件名:	動画制作に関する請求書				
	下記のとおり、ご請求申し上げます。				
納期:					
有効期限:					
合計金額	¥1,358,500	（税込）			

No.	項目	数量		単価	金額
1	全体ディレクション費	1	式	¥50,000	¥50,000
2	コンテンツ・動画構成・企画費	5	式	¥20,000	¥100,000
3	動画制作費（20秒程度を想定）	5	本	¥70,000	¥350,000
4	東京−金沢の実費（交通費・宿泊費）	1	式	¥30,000	¥30,000
5	写真撮影費	8	日	¥50,000	¥400,000
6	往復飛行機（羽田⇔ヘルシンキ）	1	式	¥260,000	¥260,000
7	往復飛行機（ヘルシンキ⇔ロバニエミ）	1	式	¥30,000	¥30,000
8	雑費（SIM、消耗品など）	1	式	¥15,000	¥15,000
			小計		¥1,235,000
			消費税（10%）		¥123,500
			合計金額		¥1,358,500

備考欄
- ・振込手数料は御社ご負担でお願い致します。
- ・上記にキャスト費用及びそれに関わるスタイリング費用等は含まれておりません。

Job 10
クライアントと関わるときのマナー

❶ 基本的な敬語を知ろう

クランアートワークするときは、最低限のビジネスマナーは知っておきましょう。マナーを知っているかどうかで信用度も変わってきます。謙譲語／丁寧語／尊敬語は最低限間違えず使えるようにしよう。

> **初歩的マナー**
> ・クライアントの返事は基本的に「了解しました」はNG！　　・チャットなどのメンションには「さん」をつける
> ・「承知しました」「かしこまりました」が正解

❷ コンプライアンスを守る

機密保持の契約書を交わしている場合だけでなく、情報漏洩は絶対にNGです。どこに誰の耳があるか分からないので、プライベートでも、SNSなどでもクライアントの話は絶対にしないように心がけましょう。

❸ 打ち合わせをする際に守ること

クライアントと打ち合わせをするときは、必ずアジェンダ（会議の議題や進行方法をまとめた書類）を用意して行きましょう。打ち合わせで決めることを事前に考えて準備しておかないと、当日しどろもどろになってしまって決めなきゃいけないことが決められないまま、時間が過ぎてしまいかねません。相手の貴重な時間を奪わないためにも準備しておくことが大事です。会議の進行は指示待ちではなく、自分から動くようにして何事も自分主導で物事を進めましょう。また、定期的な打ち合わせをする際は、明確なTODOを都度報告すると、信頼に繋がります。

業務フローを視覚化する

業務フローは、まとめて一覧にすることで抜けや漏れが減ります。チームで共有すれば、一気に情報共有もできるので便利です。

Job
11
たけち的クライアントワーク実例

❶ クライアント1：ホテル撮影

これまで様々な動画撮影のお仕事をいただいてきましたが、「実際、どうやって仕事を進めているのか」「どんな感じでクライアントとやりとりしているのか」など、質問をいただくことが多いので、ここでは撮影依頼をいただいたときのリアルな内容を紹介します。みなさんも、初めは不安なこともあると思いますので、参考にしてみてください。

旅先でホテルから撮影依頼されるケースは、主にホテルのPRを兼ねた動画の作成と投稿です。自分のアカウント動画をクライアントに見せて、そこから気に入ってもらったトランジション・カメラワークなどを使って実際の撮影を進めていきます。実はこれには理由があって、新しい場所で新しいトランジションをするとなると、上手くいかないこともあるので、基本的には過去の作品から選んでもらうようにしています。

❷ ホテル撮影のときに気をつけていること

クライアントの世界観を守る

ブランディング している**クライアントも多い**ので世界観を壊さないようにします。リゾート系なのか旅館系なのかに合わせて、出演者の服装のテイストなどを揃えます。

他のお客さまの迷惑にならない

当たり前ですが邪魔にならないように撮影します。ホテルの信用にも関わるので **細心の注意を払って**。

| 決められた時間内に終わらせる | 共有は迅速にする |

こだわりすぎるとあっという間に時間は経過するので、現場で妥協点を見つけるのも大切。どうしても上手くいかないときは、すぐに問題点を見つけて解決しよう。

動画は撮ったらすぐに現場で共有・確認！ 確認を取らないと、やり直しの可能性も。場所によっては、やり直しがきかないこともあるので、細かく、早めにクライアントと共有します。

❸ ホテル案件のTODO

ホテル案件は、企画・撮影・編集を一貫して行い、自分のアカウントで投稿までしたら終了というケースが多いです。企画する際には、ホテルのWebサイトや過去に撮った動画を見てテイストを予想し、僕の過去の動画を見てもらいテイストを決めます。クライアントに撮影して欲しい場所などの要望をヒアリングして、光や背景、構図（キラーカットを最優先に考える）などを確認します。

撮影

ロケハン、イメージ共有などが済んだら撮影を開始します。撮影の際に頭にイメージがないと時間がものすごくかかってしまうので、企画が重要！基本的に何回も撮って良いものを採用します。iPhoneであればエアドロップで共有するか、スマホをその場で見せて撮影した素材をクライアントに確認してもらいながら進めます。

編集

撮った動画は、撮影したその場で仮編集して、トランジションが上手くできているかなどを確認。常にその場で、どんなイメージかをクライアントに確認・共有しながら進めます。

投稿

動画のOKをもらったら、次に自分のアカウントで投稿します。投稿前にハッシュタグ・文言もチェックしてもらいます。内容を確認してもらわずに勝手に投稿するのはトラブルに繋がるので注意！

> **Point**
> **たけちポイント**
> 完成系の動画は、その日のうちに編集するようにしています。

❹ 実際に頂いた海外ホテルの場合

撮影場所

・ロビー/フロント1カット
・部屋3（リビング、洗面台、ベッド）
・バー1、テラス1カット
・夕食1、朝食1カット
・階段1カット
・その他

上記のホテル案件では
動画3本、写真10枚を納品。

タイのホテルに実際に送った営業メール文

いつもの営業メールを、そのまま英語にしています。

```
Nice to meet you!
I'm takechi, a Japanese creator.
I will go Bangkok (February 5th - February 9th)
Can I stay for free because I will take a video and spread it
We will also deliver the video to you.
Achievements such as post 25 or more hotel projects 👇
https://takechi-photo.com/bring-out-the-charm-of-the-hotel/
ANA Intercontinental Ishigaki Resort
https://www.instagram.com/p/C-SHQ5oPXHD/
w taipei
https://www.instagram.com/reel/Cr7_Ur_Nwnf/
Hyatt Centric Kanazawa
https://www.instagram.com/reel/CjfPKCTJK6I/
[SNS media that can be sent]
 🔴 TikTok → 900,000 people
https://www.tiktok.com/@takechi0318
 🟣 Instagram → 171,000 people
https://www.instagram.com/takechi0318/
 🔴 YouTube→290,000
https://www.youtube.com/c/%E3%81%9F%E3%81%91%E3%81%A1takechi0318/videos
We also deliver the completed data.
If you have any requests or questions, please feel free to contact us by email or message ^
Well then, we look forward to your reply.
```

たけちポイント (Point)

数字や実際の作成例を見せると、仕事依頼に繋がりやすい！ メールの文面も、試行錯誤して獲得しやすいパターンを見つけてテンプレートにしよう。ホテル案件は、お金を抜くのが難しくても、宿泊費や食費の無償化をしやすい案件です。どんどん営業のメールを送ってトライしてみよう！

❺ クライアント２：
フィンランドで女性起業家を撮影

SNSで活動する人が集まる交流会に参加したことが、この案件のきっかけでした。そのときに知人から紹介してもらったのが、クライアントのAさん。Aさんは女性起業家で、フィンランドに家族旅行をするので、その様子を動画にして欲しいということでした。

まずはAさんを紹介してくれた知人に、Aさんからこういうお話をいただきましたと連絡をして、Aさんにも知人に連絡をしたことを伝えてから、正式に仕事をスタート。

❻ 事前の打ち合わせ：
クライアントがワクワクする内容を提案

クライアントがどういう動画を求めているのかヒアリングをスタート！ メールやチャットなどを使用しつつオンラインで打ち合わせをして、今後の進行について説明しました。

その後、どういう動画が理想なのか、イメージに近い動画を調べて送ってもらい、それを受けてこちらからも動画の例を提案してイメージをすり合わせていきます。

Aさんは小さなお子さんが２人いたので、お子さんを入れた動画例を提案すると、とても喜んでくれました。動画のイメージが定まってきたら、スプレッドシートにそれをまとめていきます。どういうところでどんな撮影するかなど構成を考え、Googleマップで調べて、ロケ場所などをセレクトしながら「納品フォルダ」を作成して、そこにどんどん入れていきます。

> **たけちポイント** (Point)
>
> 紹介者がいる場合は、きちんと筋を通すことが大事。信頼や信用を得ることで、また次の仕事の紹介に繋がります。紹介したいなと思ってもらえる人になることを意識しましょう。

❼ 見積書の作成：
必ず見積もりを作成して丁寧に説明

どんな動画を何本ぐらい作るかなどが見えた段階で、予算の話に入ります。見積もりを作成し、送付して検討してもらいます。このときは動画5本で50万円の見積もりを送付。支払い方法についても、丁寧に説明して内容にOKをもらいました。

交通費、宿泊代など雑費や経費は先払い、納品のあとに撮影・編集費をお支払いいただくようにしています。予算や納期などはトラブルになりやすいので、やりとりは必ずメールなどの文章で残すようにしましょう。

❽ 撮影当日：
事前にしっかりスケジュールの共有を

撮影場所はフィンランド。Aさんもフィンランドは初めてだったので、一緒に飲食店や観光スポットなどでどう撮影するかを考えます。また移動はウーバータクシー（事前に日本でダウンロードして準備）。フィンランドは極寒で、日照時間が5時間しかない状況だったので、何度も撮りなおすことのないように、事前にしっかりスケジュールを組んで共有しておきます。Aさんのお子さんと、コミュニケーションを取りながら、和やかなムードを作りつつ、お子さんが道路側を歩いていないかなど安全を第一に考えて、気をつけて撮影を進行しました。

❾ 撮影後の動き

撮影したら、その場で仮編集して確認してもらいます。次の日にはお礼のメールを送って、納期についてお知らせします。いつまでに何本やる、修正の希望のやりとり、完全納品はいつなど、全体のスケジュールを丁寧に説明します。途中経過を報告しながら、5本納品の予定でしたが、さらにサービスで2本お付けして納品し、最後に改めてお礼の挨拶を添えて終了です。「クオリティだけではなく、ホスピタリティが素晴らしかった」とAさんから高評価を頂くことができました。2本サービスしたことをとても喜んでくれて、別のお仕事をご紹介して頂き、次に繋がったケースとなりました。

[営業メール文例1]

件名：----------

お世話になります！たけちと申します！
金沢を拠点に"旅"をテーマにスマホ動画で発信をしています。
石垣島に7月16日〜19日で行く予定なのですが、宿泊提供などはやっていますでしょうか？

ハイアットセントリック金沢のアカウントの企画・撮影・編集を担当しています
https://www.instagram.com/hyattcentrickanazawa/
（投稿ならびに撮影料金等はいただいておりません）

過去40以上のホテル案件を実施しました↓
https://takechi-photo.com/bring-out-the-charm-of-the-hotel/

【発信できるSNS媒体】
・Instagram17万人 インターコンチネンタルダナンでも撮影しております
https://www.instagram.com/reel/CpFT62uOPBK/
→リール動画平均再生回数5万回、最高1120万回
・TikTok90万人 https://www.tiktok.com/@takechi0318
→平均再生回数5万回、最高790万回
完成データも納品しております 二次利用していただくことも可能です！
ご希望やご不明なところなどございましたら、
メールでもメッセージでも、いつでもご連絡いただければと思います＾＾
それでは、返信をお待ちしております。

たけち「スマホひとつで写真・動画を素敵に」 https://youtu.be/0H69hBJO
たけちの活動について
https://www.youtube.com/watch?v=27KaTBqpznQ&t=1s

引き続きよろしくお願いします！

　---------- 株式会社 TAZUNA 竹内 智哉 (タケウチ トモヤ)
メールアドレス:0000000000000
電話番号:000000000000
HP:https://takechi-photo.com/----------/----------

［お礼メール文例］

[クライアント名] 様
この度は、[プロジェクト名] の動画制作をご依頼いただき、誠にありがとうございました。
[クライアント名] 様と一緒に作品を作り上げることができ、大変光栄に思います。
完成した動画が、[クライアント名] 様のご期待に沿うものであったことを心から願っております。
何かご不明な点や追加のご要望などがございましたら、お気軽にご連絡ください。
今後ともどうぞ宜しくお願いいたします。
敬具
[あなたの名前]
[あなたの連絡先情報]

［納品メール文例］

件名:完成動画送付
[クライアント名] 様
お世話になっております。[あなたの名前] です。
この度の [プロジェクト名] に関する動画制作が無事完了いたしましたので、
納品のご連絡をさせていただきます。
動画ファイルは以下のリンクよりダウンロードいただけます。
[ダウンロードリンク]
動画の確認をしていただき、修正や追加のご要望などがございましたら、ご遠慮なくお申し付けください。
最終的にご満足のいく納品ができるよう、誠心誠意対応させていただきます。
引き続き、[クライアント名] 様のビジネスに貢献できますよう努めますので、
今後ともどうぞ宜しくお願いいたします。
敬具
[あなたの名前]
[あなたの連絡先情報]

［請求書送付メール文例］

件名：ご請求書をお送りします
［クライアント名］様
お世話になっております。［あなたの名前］です。
先日納品いたしました［プロジェクト名］の動画制作につきまして、請求書をお送りいたします。
請求書はPDF形式で添付しておりますので、ご確認の上、指定の期日までにお支払いをお願いいたします。
［請求書PDF添付］
お支払いに関するご質問やご不明点などがございましたら、お気軽にご連絡ください。
この度はご依頼いただき、ありがとうございました。今後とも宜しくお願いいたします。
敬具
［あなたの名前］
［あなたの連絡先情報］

［添付請求書例］

株式会社TAZUNA　御中

発行日　2024/12/13

件名：動画制作に関する請求書
下記のとおり、ご請求申し上げます。

納期：
有効期限：

合計金額　　　　　　　（税込）

No.	項目	数量		単価	金額
1	全体ディレクション費	1	式	¥50,000	¥50,000
2	コンテンツ・動画構成・企画費	5	式	¥20,000	¥100,000
3	動画制作費（20秒程度を想定）	5	本	¥70,000	¥350,000
4	東京－金沢の実費（交通費・宿泊費）	1	式	¥30,000	¥30,000
5	写真撮影費	8	日	¥50,000	¥400,000
6	往復飛行機（羽田⇔ヘルシンキ）	1	式	¥260,000	¥260,000
7	往復飛行機（ヘルシンキ⇔ロバニエミ）	1	式	¥30,000	¥30,000
8	雑費（SIM、消耗品など）	1	式	¥15,000	¥15,000
			小計		¥1,235,000
			消費税（10%）		¥123,500
			合計金額		¥1,358,500

備考欄
・振込手数料は御社ご負担でお願い致します。
・上記にキャスト費用及びそれらに関わるスタイリング費用等は含まれておりません。

あとがき

本書をお手にとってくださり、また最後まで読んでくださりありがとうございます。
僕は4年前にスマホ動画というものを始めました。

独学で始めた動画制作は最初こそ上手くいきませんでしたが、海外のクリエイターたちの作品に触発され、挑戦を重ねていきました。
TikTokやInstagramで発信し続けた結果、3ヶ月でTikTokのフォロワーは30万人を超え、今では4年間で1000本以上の動画を制作しました。映像の理想を追求し続けるうちに、SNS運用、撮影の仕事、さらには動画制作の講師としての道が開けていったのです。
この経験から、僕は「成功の鍵は情熱と行動の量にある」と確信しています。
「挑戦、結果、自信」のサイクルが、さらに多くの人とのつながりを生み出し、僕が運営するオンラインサロン「TAZUNA」では周囲に熱意ある仲間が集まってくれました。

スマホ動画を教えるプロとして言えることは、「動画が上達する道には答えがある」ということです。
本書は、その上達する道の答えをわかりやすくまとめたもので、スマホで動画を撮りたい、撮影のコツを知りたい、という質問に対して、これまでは伝えきれていなかったポイントも書き留めてあります。

本書を手に取っていただけましたら、
「まずは学んだ通りに1本撮影して編集してみてください」。
これはいつも僕が言っていることで、学んだら即行動、それが上達への第一歩です。
そしてわからなくなったら、本書をいつも側に置いて見返してください。

今は高価なカメラや撮影機材、編集ソフトがなくてもスマホひとつで撮影、編集できる時代です。
撮影した瞬間から、新しい働き方や表現の可能性を見つけることができ、未来が開けると信じています。
大切なのは、自分に合った「正解」を見つけることです。自分の理想とするゴールを定め、その道に合った方法を選び、自分のペースで歩みましょう。
僕も失敗を重ねる中で少しずつ成長し、「この角度がいい」「このポーズが美しい」といった実践的なスキルを磨きました。

そして、他人と比べるのではなく、自分の「できたこと」に焦点を当て、一歩ずつ進むことを大切にして欲しいと思います。
一番避けるべきことは、「自分はダメだ」と思い込むことです。最初は誰もがゼロから始まります。

「才能がない」「できない」と思い込むと、成長のスピードがどんどん遅くなってしまいます。
諦めるのは本当にもったいないことです。皆さんも確実に、自分の力を少しずつ積み重ねて進んでいます。
他人と比較するのではなく、自分のペースを大事に、自分が「できなかったこと」ではなく、「できたこと」に目を向けて、これからも一歩一歩進んでいきましょう。

最後に、僕は今でも「挑戦を恐れないこと」に重きを置いています。たとえ失敗したとしても、それはただの経験の一部に過ぎず、次のステップへの大きな一歩です。

最後に、本の出版という貴重な機会をいただけたことに、改めて深い感謝を申し上げます。
そして何より、本書を制作するにあたり、執筆や原稿のチェック、撮影、素材の手配、夜中までの打ち合わせや、長時間のゲラチェックなど、一緒になって本を作り上げてくださったサロンメンバー、出版プロジェクトメンバーのみなさま、ご協力本当にありがとうございました。
みなさまの協力なしには、出版に至らなかったと思うと感謝しかありません。

いろんな方に支えられ、本書を無事に世に送り出すことができました。
本書の内容が、動画を作ること、発信していくことだけでなく、
みなさまの日々の暮らしや挑戦のヒントになり、人生の幸福度を少しでも高めていけるお役に立てれば幸いです。
本書が、みなさまの挑戦の一助となり、未来への勇気をお届けできることを願って。

たけち

一緒に世界中を撮影するクリエイターになりましょう！

制作スタッフ		
[撮影]		飯島浩彦（MASH）
		川端健太（MASH）
[ライター]		高橋奈央
[校正]		ぷれす
[装丁／本文デザイン]		marron's inc.
[特別協力]		向井奈緒・Chobi Nobe
[編集長]		後藤憲司
[担当編集]		森 公子

スマホ1台で バズリ動画つくります！
〜動画撮影・動画編集・案件の取り方・稼ぎ方まで完全網羅〜

2024年12月21日 初版第1刷発行

[著者]	たけち	
[発行人]	諸田泰明	
[発行]	株式会社エムディエヌコーポレーション	
	〒101-0051　東京都千代田区神田神保町一丁目105番地	
	https://books.MdN.co.jp/	
[発売]	株式会社インプレス	
	〒101-0051　東京都千代田区神田神保町一丁目105番地	
[印刷・製本]	シナノ書籍印刷株式会社	

Printed in Japan
(C)2024.Takechi All rights reserved.

本書は、著作権法上の保護を受けています。著作権者および株式会社エムディエヌコーポレーションとの書面による事前の同意なしに、本書の一部あるいは全部を無断で複写・複製、転記・転載することは禁止されています。
定価はカバーに表示してあります。

カスタマーセンター
造本には万全を期しておりますが、万一、落丁・乱丁などがございましたら、送料小社負担にてお取り替えいたします。お手数ですが、カスタマーセンターまでご返送ください。

【落丁・乱丁本などのご返送先】〒101-0051　東京都千代田区神田神保町一丁目105番地　株式会社エムディエヌコーポレーション カスタマーセンター　TEL：03-4334-2915
【内容に関するお問い合わせ先】info@MdN.co.jp
【書店・販売店のご注文受付】株式会社インプレス　受注センター　TEL：048-449-8040／FAX：048-449-8041

ISBN978-4-295-20717-7
C3055